# 印刷制造原理与技术

辛智青　胡　堃　主编

Yinshua

Zhizao

Yuanli Yu Jishu

**图书在版编目（CIP）数据**

印刷制造原理与技术/辛智青，胡堃主编.－北京 ：文化发展出版社，2019.6
ISBN 978-7-5142-2649-2

Ⅰ.①印… Ⅱ.①辛… ②胡… Ⅲ.①印刷－工艺学 Ⅳ. ①TS801.4

中国版本图书馆CIP数据核字(2019)第102938号

**印刷制造原理与技术**

主　　编：辛智青　胡　堃

责任编辑：李　毅
执行编辑：杨　琪　　责任校对：岳智勇
责任印制：邓辉明　　责任设计：侯　铮
出版发行：文化发展出版社（北京市翠微路2号 邮编：100036）
网　　址：www.wenhuafazhan.com　www.printhome.com　www.keyin.cn
经　　销：各地新华书店
印　　刷：北京建宏印刷有限公司

开　　本：787mm×1092mm　1/16
字　　数：200千字
印　　张：11.5
印　　次：2019年7月第1版　2019年7月第1次印刷
定　　价：49.00元
ISBN：978-7-5142-2649-2

◆ 如发现任何质量问题请与我社发行部联系。发行部电话：010-88275710

# 前言
*Preface*

印刷是一个不断发展变化、生命力强盛的领域，在一千多年的发展进程中为人类社会文明和经济的发展做出了重要贡献。印刷的本质（内涵）是将微小功能单元在空间（大面积基材上）精确摆放的一个过程。当这些微小功能单元在空间的精确摆放，按照人的视觉特征进行设计和排列组合时，就构成了我们今天熟悉的印刷传媒的基础；当这些微小功能单元在空间的精确摆放，按照某种结构根据空间图形化的需求进行设计和排列组合时，就构成了今天我们并不太熟悉的印刷制造的基础。这就是印刷外延的两个基本分支，延展出印刷传媒、装饰印刷、功能印刷和印刷制造等不同的业态和更多甚至难以穷尽的细分领域。

在 Drupa 2016 年的展会上，功能印刷、印刷电子甚至 3D 打印等作为印刷业的未来呈现在世人的面前，成为其主题“触摸未来”的核心内容。在全球印刷和影像学术界享有极高盛誉和影响力、由美国图像科学技术学会主办的数字印刷技术国际会议，从 2016 年开始将关注了 30 多年的数字印刷转变到了用于制造的印刷，从另一个侧面揭示了印刷的制造属性以及其具有的前沿性和未来发展空间。

对印刷内涵和外延的这种认识揭示了印刷更丰富的含义、发展空间和生命力。从这个意义上讲，印刷并不是夕阳产业，而是面临更多发展机遇和空间的朝阳产业，蕴藏着我们印刷人还未涉足和开拓的市场和商业机会。当然，这也给印刷教育提出了新的命题和挑战。如何让印刷工程专业的学生全面、正确地了解并认识印刷，掌握其学科专业的内涵和外延，知晓其前沿和未来疆域，是从事印刷专业教育的我们应该认真思考、不断努力和大有作为的方向。

《印刷制造原理与技术》一书是在此背景下面向印刷工程专业开设的核心课程，侧重于印刷传媒领域以外的产品印刷制造，全面、系统地介绍了印刷在电子、3D 打印、纺织品、建材等领域的应用。第一章简要介绍了印刷制造的概述和应用领域。第二章详细介绍了电子器件印刷制造涉及的基础理论、材料、传统印刷技术和新型印刷技术、封装技术，并以射频识别标签和透明电极为例，详细介绍了其制造方法和涉及材料。第三章详细介绍了 3D 打印涉及的五类技术的原理和工艺过程，并展望了 3D 打印在印刷中的应用。第四章介绍了纺织品印花的类型，并对每种技术涉及的材料及工艺进行了详细介绍。第五章详细介绍了陶瓷、玻璃、壁纸等涉及的印刷制造工艺及技术。编写内容力争全面、简洁，具有前瞻性，使读者能够了解和掌握最新、最全面的印刷制造技术及各类产品。

本书在编写过程中，得到了北京印刷学院魏先福、杨永刚、张改梅和中国科学院化学研究所宋延林的大力支持，北京印刷学院辛智青、胡堃统筹全书编写。参编人员有北京印刷学院李路海、李亚玲、莫黎昕、方一、李修等老师，北京迈思成公司冯海波工程师、北京华联印刷有限公司王旭东工程师、中科院化学所张兴业副研究员、暨南大学李风煜教授、厦门弘信电子科技公司何耀忠工程师等也参与了本书的编写工作，并提供了大量材料。北京印刷学院研究生闫美佳、郭振新、焦守政、祝飞扬、胡苗苗参与了内容的校对，在此一并表示感谢。同时，编写过程中参考了同行的大量文献和科研成果，标注不全、不当之处，敬请见谅。

本书根据本科《印刷制造原理与技术》课程的教学大纲要求编写，可供印刷工程专业本科生作为教材使用，也适合于从事印刷包装研究与实践的科研人员阅读以及印刷包装企业单位的科技人员作参考。由于专业技术水平有限，时间紧迫，难免存在不足之处，敬请广大读者批评指正，期待今后共同修改完善。

编者

2019 年 7 月

# 目录
*Contents*

## 第一章　引言



## 第二章　电子器件印刷制造原理与技术

## 第三章　3D 打印技术原理与技术

## 第四章 纺织品印刷制造技术

## 第五章 建材印刷制造原理与技术

# 第一章 引言

## 第一节 印刷制造概述

作为人类文明的象征之一，印刷技术最早用于文字信息的复制传播。随着社会的发展，当今印刷已不再是传统的印刷，将油墨放置在纸张上将不再是印刷业的唯一选择，将信息放置在载体上将是未来印刷业面临的主要业务。因此，印刷的定义、功能和技术在不断发生着变化，逐渐向多媒体、多功能方向转变，印刷产品的多样化趋势日益明显，并在一些新兴制造业中得到应用和发展，不断深入社会生活的各个方面，推动着社会发展进步。印刷的定义随着时代的变迁发生一定的变化，其本质是将微小功能单元在空间（大面积基材上）精确摆放的一个过程，这个过程的终结产物称为印刷品，与这个过程相关联的技术称为印刷技术。这里的“微小”指微米甚至纳米的尺度，“大面积”一般指厘米至米的尺度；“基材”是承载功能单元的支撑体，对材质并无严格的限制，既可以是纸张，也可以是塑料、金属、陶瓷、玻璃、硅片等。“功能单元”指具有某种或某些特定功能的单元，由呈色剂（油墨、色粉、染料等）构成的单元或许就是印刷的网点、显示屏的滤色片，由微电子功能材料（导体、半导体、电阻、电致发光材料等）构成的单元或许就是集成电路的器件，由阻隔、支撑或其他功能材料构成的单元可能就是某种空间精细结构的组件 / 要素。当这些微小功能单元在空间的精确摆放，按照人的视觉特征进行设计和排列组合时，就构成了我们今天熟悉的印刷传媒的基础；当这些微小功能单元在空间的精确摆放，按照某种结构在空间图形化的需求进行设计和排列组合时，就构成了印刷制造的基础。这就是印刷外延的两个基本分支，延展出印刷传媒、装饰印刷、功能印刷和印刷制造等不同的业态和更多甚至难以穷尽的细分领域。

印刷制造没有专门的明确定义，结合印刷定义内涵的变化，我们认为印刷制造是在传统图文信息复制技术的基础上，将承印基材、油墨、图案化技术等进一步扩展，综合利用各种技术并结合特定处理方式制造具有一定功能的产品。根据《中国印刷产业技术发展路线图》中印刷制造产业的板块，本书中的印刷制造以印刷电子和增材制造为主要内容，并扩展到纺织、建材制造领域，突出印刷技术的“绿色化、功能化、立体化、器件化”的发展趋势。

印刷制造涉及的基材除纸张外，还有硅片、金属、织物、玻璃、塑料、橡胶、皮革、陶瓷等。这些基材与传统的纸张在表面组成、结构、性能等方面有很大区别，如玻璃、塑料基材表面光滑、无孔隙，而纸张表面粗糙、孔隙度高；金属表面能低，而纸张表面能高。另外，承印材料表面不再局限于平面物体，可扩展到曲面或不规则表面。这些在油墨、承印材料改变、最终的使用目的的差异，决定了印刷制造产品工艺过程相对复杂，如印前基材需特殊处理、印刷的产品需后处理等。

印刷制造涉及的油墨除用于呈色的传统油墨外，还可将功能材料制成功能油墨，包括导电材料、磁性材料、发光材料、显示材料等，但在制备过程中，油墨的配方会影响功能的实现，必须严格控制各个成分的比例。同时，功能油墨的物化性能、印刷适性也会与传统显色油墨有较大差异，尤其是油墨转移率方面，因此需要对相应的印刷工艺条件进行调整。功能实现已成为印刷产品增值的关键。

印刷制造可利用现有的图案化技术来完成，如传统的胶印、凹印、柔印、丝印、喷墨技术都可用于印刷制造。但由于所使用的油墨和所制造的产品精度要求与传统图文复制的有较大差异，还需要对传统印刷技术进行工艺改进，如制版工艺参数的调整；或者需将不同印刷技术的优势进行组合，如将凹印和胶印结合、丝印和胶印结合、丝印和喷墨打印结合；或者需对承印基材表面进行特殊处理。同时，还需要有针对性地开发新型的图案化技术来实现传统技术无法达到的要求，如气溶胶打印、微转移印刷、纳米压印等。

印刷制造电子产品时，需要在相关印刷设备上增加在线套准检测、电学检测、烧结后处理等设备；制造三维结构的产品时，需要对产品进行打磨处理以满足使用要求；制造陶瓷、玻璃、纺织品时，也需要采取特殊的处理工艺。

# 第二节　印刷制造的应用领域

印刷技术作为实现增材型图案化的高效生产技术，兼有文化属性和制造属性，结合纳米技术，在众多重要制造产业和战略新兴产业领域发挥重要作用，如传媒、电子、增材制造、纺织品和建材等。

## 一、传媒领域

印刷的文化属性体现在传媒领域，主要用于报纸、期刊、手册、字典、出版物印刷等传媒产品，随着以数字、信息和网络技术为基础的移动显示媒体（如平面液晶显示屏、电子纸等）的出现及在技术上的不断完善，印刷在传媒领域正面临挑战。

## 二、电子器件领域

在电子器件印刷制造领域，可通过印刷方式实现制作导线、电阻、电容、电感等被动型（无源）和晶体管、存储器、电池、显示器等主动型（有源）的电子器件，典型代表为柔性印刷线路板、射频识别标签、透明导电膜、显示器件、汽车除雾加热线、电热膜等。

## 三、增材制造领域

增材制造是采用材料逐渐累加的方法制造实体零件的技术，是一种“自下而上”的制造方法。目前的增材制造技术与印刷制造关联性强的以 3D 打印为代表，可采用各种三维打印方式将金属、陶瓷、水凝胶、塑料、树脂、橡胶等制备各类器件，并用于生物传感器、柔印印版、骨修复等领域。

## 四、纺织品领域

织物印刷加工的对象是各种纤维材料的织物，使用的原料是染料或涂料，通过化学或物理的方法使之在织物上印出彩色图案。在纺织物上形成图案的工艺过程为印花，一般印花产品要求：图案准确、轮廓清晰、色泽鲜艳、块面均匀、牢度优良。但织物表面粗糙、孔隙度大，油墨渗透性强，印花时需要控制油墨与织物之间的相互作用。近年来，将传统纺织品与电子技术结合起来的电子纺织品受到广泛关注，在生物、医学、体育、军事、娱乐和航天等领域具有巨大的应用价值。

## 五、建材领域

建材主要包括壁纸、陶瓷、玻璃等，国内家庭装修市场中家庭个性化装修已开始流行，用户可按照自己喜欢的家居风格，在装饰画、瓷砖、家具、地板上印制自己喜欢的图像，营造个性空间。

根据印刷制造内容，本书不对传统图文信息复制作介绍，重点介绍电子器件印刷制造、增材印刷制造、纺织品印刷制造、建材印刷制造等。

## 思考题

1. 简述印刷制造的含义。

2. 印刷制造技术可用于制备哪些产品？试举例说明。

# 第二章 电子器件印刷制造原理与技术

基于图文复制的印刷技术可用于电子器件制造，两者在油墨转移、油墨印刷适性控制等基本原理方面具有相近之处。但由于电子器件所用的基底、油墨与图文复制有较大差异，且更加侧重于实现功能性、追求高精度，因此电子器件制造要比传统图文复制技术要求更高、工序更复杂，需要对传统印刷技术进行改进或开发新的技术，同时需要借助于微纳制造、光学等领域的技术满足要求。例如，将凹印和胶印的优势结合在一起的凹版胶印印刷可实现油墨从网穴里良好地转移到基版上，结合纳米压印技术可获得 5μm 以下宽度的线条，通过激光烧结技术实现纳米材料的低温烧结。

## 第一节 电子器件印刷制造概述

电子元器件无处不在，无论是日常的消费电子产品还是工业用电子设备，都是由基本的电子元器件构成的。电子元器件包括电子元件和电子器件两部分。电子元件包括电阻器、电容器、电感器，本身不产生电子，它对电压、电流无控制和变换作用，所以又称无源器件；电子器件包括晶体管、电子管、集成电路，本身能产生电子，对电压、电流有控制和变换作用（放大、开关、整流、检波、振荡和调制等），所以又称有源器件。电子元器件按照产品专业类别划分，大致可以分为电容器、电阻电位器、磁性材料与器件、电感器件、电子变压器、混合集成电路、电子陶瓷及器件、压电晶体、控制继电器、电接插元件、电声器件、微电机与组件、光电线缆、印制电路板、敏感元器件及传感器共十六个细分行业。我们以微电子集成电路、印刷线路板为例，简单介绍电子器件的传统制造技术。

以半导体单晶硅为衬底材料的微电子集成电路技术，是采用专门工艺技术将组成电路的元器件和互联线集成在芯片内部、表面的微型电路或系统，具有体积小、重量轻、引出线和焊接点少、寿命长、可靠性高、性能好等特点。但生产过程极其复杂，从单晶硅衬底材料的制备，到在硅单晶上形成晶体管与互联线所需的薄膜沉积、光刻、刻蚀、封装等工艺技术，所涉及工艺步骤多达数百道，设备投资大，并需要配备超净间。例如，大规模集成电路要经过约十次光刻才能完成各层图形的全部传递。

印刷线路板（Printed Circuit Board，PCB）是电子行业中最重要的电子部件，通常把在绝缘材料上按预定设计制成印制线路、印制元件或两者组合而成的导电图形称为印制电路；而在绝缘基材上提供元器件之间电气连接的导电图形，称为印制线路；印制电路或印制线路的成品板称为印制线路板，亦称为印制板或印制电路板。在印制电路板行业，采用传统的铜箔蚀刻法制造PCB配线，技术过程非常复杂，如图2-1所示，需要经过覆铜、曝光、显影、蚀刻等过程而形成配线，且目前的技术已经达到线宽的极限，无法再提高布线密度。单面PCB是只在绝缘基板的一面有导电图形的印制板，制备流程包括：单面覆铜箔层压板→丝网印刷图形→化学腐蚀铜→碱、酸清洗→印刷阻焊油墨→冲切孔与外形→涂覆助焊剂→检查、包装。多层PCB是由交替的导电图形层及绝缘材料层层黏合而成的一块印制板，导电图形的层数在两层以上。由于层与层之间的线路需要导通，所以制备过程比单面PCB增加了钻孔、镀金等工艺。这种铜箔蚀刻法采用酸液腐蚀铜板产生大量废液，会造成环境污染，而且基板上90%以上的铜被腐蚀去除，造成材料浪费。

以上电子器件的传统制备工艺，属于减法制造工艺，步骤烦琐、设备成本高、材料浪费大，且污染环境。为此，科学家经过几十年不断的研究探索，提出以有机半导体材料代替传统的无机半导体材料，并通过加法制造工艺制备新型电子器件。例如，通过印刷方式将导电材料、半导体材料、介电材料以墨水或油墨形式逐层沉积，形成场效应晶体管的源漏电极、栅极、半导体层、介电层。

# 第二节　印刷电子

## 一、印刷电子的概念及内容

印刷电子（Printed electronics），泛指基于具有导电、介电或半导体电学特征的各种电子油墨，采用各类印刷工艺技术，包括丝网印刷、数字喷墨印刷、柔版印刷、凹版印刷以及纳米压印等，根据电子器件的设计，通过层层印刷的方式完成电子油墨在不同承印基材表面的图形化转移，进而实现印刷制造电子电路以及元器件产品的科学与技术。印刷电子技术充分体现了印刷技术和电子产业的紧密结合，其技术特征更适合于大面积、低成本、柔性化、轻薄化、高效率、绿色环保的电子电路及元器件的生产制造，可用于制造可弯曲、可卷曲、可折叠及可穿戴的柔性电子产品。

印刷电子一词首次采用始于 20 世纪早期，最初该技术用于制备柔性导体，以简化复杂电路内的相互连接，1950 年用于制备印刷线路板。印刷电子起步于有机电子，1997 年贝尔实验室首次采用丝印有机半导体材料聚（3- 己基噻吩）［poly(3-hexylthiophene)］的方式，做出了世界上首个印刷晶体管。1998 年加州大学洛杉矶分校研究人员通过喷墨打印方法，利用聚合物发光二极管器件制备了该校的标识。当时印刷电子器件的性能处于初级阶段，无法与硅电子竞争。印刷技术作为电子制造技术真正受到关注，得益于无机纳米材料的发展。由于纳米尺度的无机固体材料（纳米粒子、纳米线、纳米管）可以溶液或者浆料形式，用传统印刷方式制成图案，纳米材料赋予这些图案电荷传输性能、介电性能、光电性能，并作为半导体器件、光电器件、光伏器件应用。

相对于传统蚀刻的减法制造工艺技术，印刷电子是一种加法制造工艺，只在需要的地方沉积材料，然后经烧结后处理即可获得导线，如图 2-1 所示。印刷电子技术大大减少了电子产品的工艺步骤，可提高材料利用率、降低设备设施投入成本、缩短生产运行周期、消除废液排放的污染问题，符合绿色、节能、环保的要求，而且适用于“个性化定制”或“按需生产”，将对现有信息电子产品的制造技术带来革命性影响。同时，通过采用具有良好降解性的有机功能材料与基材，可以解决日益严重的电子产品垃圾带来的环境污染问题。采用印刷电子技术可用于制备有机场效应晶体管、存储器、传感器、柔性显示器件、射频识别标签、印制电路板、逻辑电路等。

但印刷电子产品确实还存在问题需要解决，包括部分产品精度比不上传统刻蚀工艺制造的产品、印刷的电子器件表面平整度达不到要求、大批量生产稳定性较差、部分材料的性能相对较低等，所以印刷电子还需要在材料和印刷手段上进一步提高和改进。

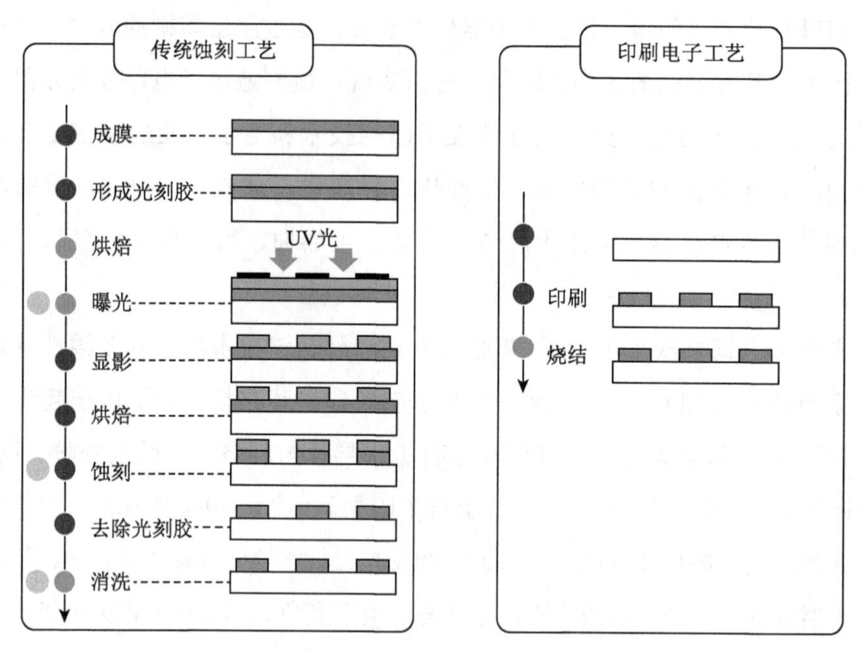


图 2-1　传统蚀刻工艺与印刷电子工艺过程对比

## 二、印刷电子与传统印刷的区别

虽然印刷电子与传统图文印刷都是借助于印刷技术来获取特定图案，但由于印刷电子采用独特的材料并要求可实现特定功能，因此，两者在图案内容、油墨、性能要求、精度等方面也有很大差异，对比如表 2-1 所示。例如，不同于图文印刷薄的墨层，印刷电子产品要求导电墨层较厚（1 ～ 5μm），图像分辨率高，并且线条边缘清晰光滑，不能有毛刺或断点，以防导致短路、断路。在印刷多层器件如平行板电容器、晶体管时，要求导电层上的介电层尽可能薄而且均匀，以实现低操作电压，但墨层薄容易出现各类缺陷并影响其上层性能，因此印刷电子在制备这些器件方面有一定难度。此外，工艺方面两者也有较大差异：印刷电子技术要求在印刷之前对承印基底进行表面改性，以减小油墨在基底上过度铺展；由于油墨中仅含有微量的连接料，导致印刷过程中油墨转移相对困难。印刷结束后，除必要的干燥过程外，针对金属纳米粒子油墨，还进行烧结工艺方可获得较高导电性。

表 2-1　印刷电子与传统图文印刷的对比

| | 图文印刷 | 印刷电子 |
|---|---|---|
| 图案内容 | 网点、实地、线条 | 线条、实地 |
| 目的及关注点 | 用于可视化信息的传播，关注色彩、阶调、清晰度 | 用于实现特定功能，关注功能、印刷精度、用途 |
| 要求 | 墨层均匀性要求较低，套印误差和网点丢失可接受 | 线条边缘光滑、无毛刺、无断线，墨层密实且平整度高，套印要求高 |
| 油墨 | 颜料、染料、连接料 | 导体、半导体、介电材料组成的油墨，连接料很少或没有，要求耐化学性、稳定性、可焊接好、附着性好、功能性好 |
| 套准精度 | 10 ～ 30μm | ＜ 5μm |
| 张力控制 | ＜ 10% | ＜ 2% |
| 印刷工艺 | 采用传统印刷和干燥方式 | 在传统印刷方式上开发组合印刷方式、新型印刷方式，追求高精度。需结合后处理 |
| 测试内容 | 密度、网点百分比等 | 电学性能、介电性能、IV 曲线等 |

在印刷电子工艺方面，最初研究重点是采用喷墨方式制备印刷电子产品，以韩国 ANP、ABC、InkTec，日本 ULVAC、住友电工（SEI）、藤仓化工（Fujikura Kasei）、大研化工（Daiken Chemical）、哈利玛化成（Harima Chemical），美国 ANI、Nanodynamics、Parelec、Cima Nanotech、Cabot、DuPont、NanoMas、NovaCentrix、Sun Chemical 及德国拜耳（Bayer）等为代表，这主要是依赖于纳米材料制备技术的发展，如碳纳米管和石墨烯为代表的碳基纳米材料和银纳米粒子为代表的金属纳米材料。现在研究重点已逐步转移到凹印、柔印和胶印等传统的印刷工艺，以便通过卷到卷工艺，实现大批量、低成本、柔性化生产。例如，加利福尼亚大学、芬兰国家技术研究中心、德国 PolyIC 公司和美国 Paralec 公司在开发印刷电子的过程中，正在使用或推荐凹印技术。而瑞典的 Thin Film Electronics 公司成功地使用了柔印和旋转涂布技术来印制铁电存储器。光伏、照明、显示、智能卡、智能包装、可穿戴电子成为未来印刷电子最主要的应用领域，这要求更简单、更快速、更精细的印刷及后处理工艺，需要开发性能更优秀、环境更友好的材料及各种新兴印刷技术、综合技术。

## 三、电子器件印刷制造的基本理论

### （一）导电性评价参数

1. 电导率、电阻率

由欧姆定律可知，当对某种试样的两端加上直流电压 $U$ 时，若流经材料的电流为 $I$，则试样的电阻为 $R$。即 $R=U/I$。材料的电导即电阻的倒数，用 $G$ 表示，$G=I/U$。电阻和电导的大小不仅与物质的电性能有关，还与试样的长度（$d$）、面积（$S$）有关。实验表明，试样的电阻与试样的截面积成反比，与长度成正比：$R=\rho d/S$，其中 $\rho$ 为电阻率，单位为 Ω · cm。电导率（$\sigma$）为电阻率的倒数，单位为 S/cm。电导率、电阻率与材料的尺寸无关，由材料的性质决定，是材料的本征参数，可用来表征材料导电性。在讨论材料的导电性时，更习惯用电导率表示。

2. 方块电阻

方块电阻又称方阻、面电阻，是指导电材料单位面积上的电阻值，单位是 Ω/ □。对于薄膜材料来说，方块电阻是一项非常重要的性能指标，它可以反映出该薄膜材料导电性能的好坏，可用一个正方形的薄膜导电材料边到边之间的电阻表示。方块电阻的特性为任意大小的正方形边到边的电阻都是一样的，仅与导电膜的厚度有关，因此，可用于衡量导电膜层的厚度。

通常采用四探针法测量薄膜方块电阻的大小，探头由四个间距相等、排列成一条直线的探针组成，要求四根探针头部之间的距离相等。四根探针由四根引线连接到方阻计上，当探头压在导电薄膜材料上时，方阻计就能立即显示出材料的方阻值，如图 2-2 所示。该方法具有设备简单、操作方便、对样品几何尺寸无严格要求的特点。测试时，外端的两根探针产生电流场，内端上两根探针测试电流场在这两个探点上形成的电势，按照式（2-1）计算求出材料的方阻值。

$$R_0 = \frac{\pi}{Ln2} \times \frac{U}{I} = 4.53\frac{U}{I} \tag{2-1}$$

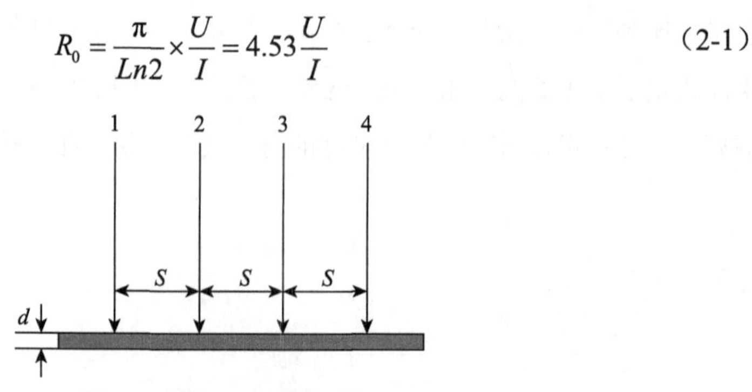


图 2-2　四探针测试原理

在此基础上，采用双电测量法可优化测试准确度，可消除测样品的几何尺寸、边界效应及探针不等距、机械漂移等因素的影响，尤其是薄膜边缘位置双电测方法的优越性就显得更加突出。测试时，电流先后通过不同的探针对，测量相应的另外两针间的电压，然后进行组合，按相关公式求出电阻值。双电测量法与常规直线四探针法主要区别在于，后者是单次测量，而前者对同一被测对象变换电流探针、电压探针进行两次测量。

3. 电荷迁移率

半导体材料中的电子（n 型）或空穴（p 型）在外加电场下做定向移动运动而形成电流，电荷迁移率是指半导体材料中电子或空穴在外电场下定向运动的速度，也叫载流子迁移率，单位为 $cm^2/V \cdot s$，表示单位电场下载流子的平均漂移速度。其决定了晶体管在外电场作用下的开关速度，是衡量半导体材料性能的最重要参数。载流子迁移率越大，半导体材料的导电率越高。有机半导体的电荷迁移率远低于单晶硅、多晶硅等无机半导体材料的，相差几个数量级。

（二）导电机理

导电材料可分为结构型导电材料和掺合型导电材料两类，下面分别介绍这两类材料的导电机理。

1. 结构型导电材料

聚合物一直被认为是绝缘的，但 1977 年日本筑波大学的白川英树与美国科学家 MacDiarmid 和 Heeger 等人发现用碘或氟化钾掺杂的聚乙炔具有与金属相当的导电性，从而首次发现了导电聚合物。其后开发了一系列导电高分子，如聚噻吩、聚吡咯、聚对苯乙烯撑、聚对苯撑乙炔、聚苯胺，这些导电高分子具有较大的共轭双键结构。由于双键中 π 电子的非定域性，可在共轭体系中自由运动，从而表现出导电性能。在共轭聚合物中，电子离域的难易程度取决于共轭链中 π 电子数和电子活化能的关系。理论和实践表明，共轭聚合物的分子链越长，π 电子数越多，则电子活化能越低，亦即电子越易离域，则其导电性能越好。

尽管共轭聚合物具有较强的导电倾向，但电导率不高。一般常见的导电高分子的室温电导率如表 2-2 所示。然而，共轭聚合物的能隙很小，电子亲和力很大，这表明它很容易与适当的电子受体或电子给体发生电荷转移。这种因添加电子受体或电子给体而提高电导率的方法称为掺杂。掺杂方法可分为化学法、物理法，前者有气相掺杂、液相掺杂、电化学掺杂、光引发掺杂等，后者有离子注入法等。掺杂剂有卤素、路易斯酸、过渡金属卤化物等电子受体和碱金属、阳离子电化学掺杂剂等电子给体。

虽然此类导电高分子电导率及稳定性偏低，但其作为聚合物具有无机系导电材料所无法具有的粘接性能，可极大地降低导电油墨中无机金属和树脂的含量，减少制备的成本，并改善了导电油墨的特性。在目前条件下，制备导电聚合物成本较高、制备工艺和过程都比较复杂、控制难度大，且难溶于一般的有机溶剂，性能不稳定，电导率较低。相比其他几种导电高分子，聚噻吩及其衍生物可溶解、易于制备，有很好的环境热稳定性，经掺杂后具有很高的导电性，在能源、信息、光电子器件、化学和生物传感器、电磁屏蔽、隐身技术以及金属腐蚀防护等领域，科学家进行了深入的研究和探讨。经过十多年的发展，聚苯乙烯磺酸根阴离子掺杂的聚乙撑二氧噻吩（PEDOT ：PSS）可以均匀分散到水溶液中，形成稳定的悬浮液，并且已经商品化，采用二甲基亚砜、乙二醇等二次掺杂可实现更高的导电性。

表 2-2　导电高分子的室温电导率

| 导电高分子 | 室温电导率 /S・cm$^{-1}$ |
|---|---|
| 聚乙炔 | $10^{-10}$ ～ $10^{5}$ |
| 聚吡咯 | $10^{-8}$ ～ $10^{2}$ |
| 聚噻吩 | $10^{-8}$ ～ $10^{2}$ |
| 聚苯硫醚 | $10^{-16}$ ～ $10^{3}$ |
| 聚对苯撑 | $10^{-15}$ ～ $10^{2}$ |
| 聚苯胺 | $10^{-10}$ ～ $10^{2}$ |
| 聚对苯乙烯撑 | $10^{-8}$ ～ $10^{2}$ |

2. 掺和型导电材料

掺和型导电材料也称填充型复合导电材料，是导电填料加入基体树脂中形成的，根据导电填料种类可分为金属粒子掺合型导电聚合物、非金属粒子掺合型导电聚合物两类，而金属粒子掺合型导电聚合物以银掺合型导电聚合物为代表。其导电机理较为复杂，一般涉及导电通路的形成和通路形成后如何导电两方面。

（1）导电通路的形成关注的是导电填料与油墨体系导电性能的关系。当导电填料的浓度增加到某一临界值时，体系的电阻率产生突变，从绝缘体转变为导体，这称为“渗流现象”，该临界值称为“渗流阈值”（见图 2-3）。Miyasaka 等人提出的复合材料热力学理论可以很好地解释渗流现象，该理论认为聚合物基质与导电填料的界面效应对体系导电性能的影响最大。另外，导电填料和基质的特性、种类、填料的尺寸、结构及其在基质中的分散状况，与基质的界面效应以及复合材料加工工艺、温度和压力等也会影响导电通路的形成。

（2）形成导电通路后如何导电涉及载流子的迁移过程，主要研究导电填料之间的界面问题，可以用渗流理论、隧穿理论和场致发射理论来解释。

渗流理论也称导电通道学说，该理论认为电子通过由导电填料相互连接形成的链的移动产生导电现象。渗流理论可用来说明电阻率与导电填料浓度的关系，它可从宏观角度解释复合材料的导电现象，不能说明导电的本质。油墨干燥固化之前，导电填料处于分散状态，填料间接触不稳定，无导电性。油墨干燥或固化后，溶剂的挥发和连接料的固化使油墨体积收缩，填料间形成无限网链结构，呈现导电性。渗流理论能解释导电填料在临界浓度处电阻率的突变现象，但不能说明油墨在固化过程中如何从不导电变成导电，也无法解释基质的类型、厚度等因素对油墨导电性能的影响。

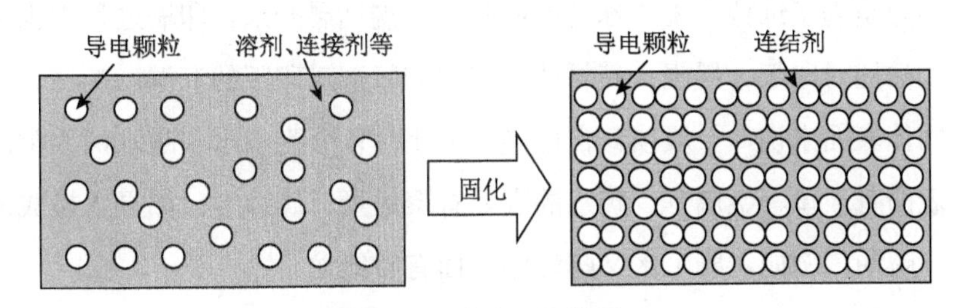


**图 2-3　渗流理论模型**

隧穿（隧道）理论认为相距很近的粒子上的电子在电场作用下通过热振动在填料间隙里跃迁造成材料导电，该理论以量子力学为基础研究电阻率与填料间隙的关系，隧穿效应一般只发生在间隙很小（小于 10nm）的粒子之间，而间隙过大的导电粒子之间无电流传导，因此，隧穿理论仅适用于在导电填料的某一浓度范围内分析复合材料的导电行为，且与导电填料的浓度及复合体系的温度有关。隧穿理论是从微观角度研究复合材料导电行为的有力依据，但该理论并不能分析导电粒子的几何尺寸变化及粒子大小与间隙宽度的相对比例对材料导电性能的影响。

场致发射理论是隧穿理论的一种特殊情况，该理论认为当油墨中导电填料浓度较低、导电粒子间距较大时，粒子间的高强电场将产生发射电流，使电子越过间隙势垒跃迁到相邻的导电粒子上而导电。该理论受导电填料浓度和温度影响较小，应用范围广泛，且可以合理地解释复合材料导电性能的非欧姆特性。

综上所述，复合型导电材料的导电性主要是三种导电机理共同作用和相互竞争的结果，当导电填料浓度较低、外加电压较低时，填料间间隙较大，不易形成链状导电通路，因而隧穿效应机理占主导作用；当导电填料浓度较低、外加电压较高时，场致发射机理起主要作用；当导电填料浓度较高时，填料间间隙较小，能形成链状导电通路，因而渗流机理起主要作用。总体而言，在实际情况中，填充型导电油墨的导电情况分为三种：导电填料相互接触形成导电通路；导电填料不连续接触，间距很小但未直接接触的填料间由于隧道效应形成电流通路；导电填料完全不接触，填料间绝缘层较厚，无法形成导电通路。

### （三）润湿性理论

液体对固体的润湿是常见的界面现象，润湿性（又称浸润性）是固体表面的一个重要特征。从宏观角度来看，润湿是一种流体从固体表面置换另一种流体的过程。从微观上看，是固液相互接触时分子间相互作用的结果，主要取决于吸附力和粘黏力之间的平衡。固液分子之间的吸附力对液滴在固体表面的铺展是起促进作用的，而液体内部的粘黏力是为了维持液滴的球冠状而阻止液滴铺展开来。印刷过程中也离不开润湿现象，如油墨对印版、墨辊、基材的润湿，润版液对印版的润湿。

对于固体表面来说，一般按其自由能的大小可以分为亲水和疏水两大类。较为常见的亲水表面有玻璃、金属等；疏水的表面有聚烯烃、硅片等。如果水换成油的话，则有亲油、疏油，例如，既疏水又疏油的表面有特氟龙。

#### 1. 接触角和杨氏方程

设将液体滴在固体表面上，液体并不完全展开而与固体表面成一角度，即所谓的接触角，以 $\theta$ 表示（见图 2-4）。接触角的定义是，在固 / 液 / 气三相交点处作气 / 液界面的切线，此切线与固液交界线之间的夹角就是接触角。利用接触角来衡量液体对固体的润湿程度，其优点是可直观评判固体表面的浸润性好坏，缺点是不能反映润湿过程的能量变化。

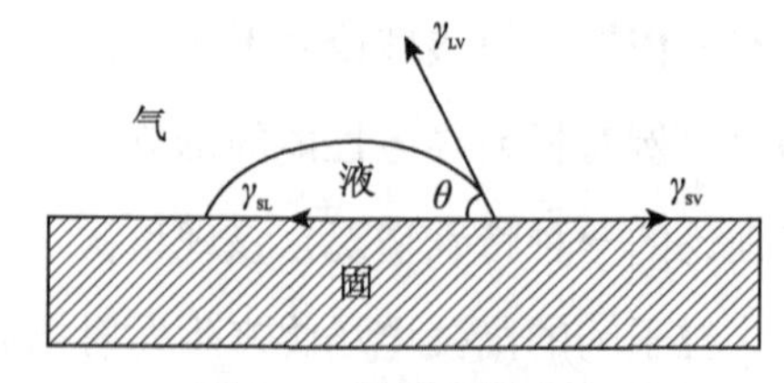


图 2-4　接触角的定义

固体表面液滴的接触角是固、气、液界面间表面张力平衡的结果，液滴的平衡使体系总能量趋于最小，因而使液滴在固体表面上处于稳态（或亚稳态）。一般来说，液滴在光滑平坦固体表面的接触角可以用 Young's 方程来表示：

$$\gamma_{SV}=\gamma_{SL}+\gamma_{LV}\cos\theta$$

即

$$\cos\theta=\frac{\gamma_{SV}-\gamma_{SL}}{\gamma_{LV}} \tag{2-2}$$

式中，$\gamma_{SV}$、$\gamma_{SL}$ 和 $\gamma_{LV}$ 分别代表固 / 气、固 / 液、液 / 气界面的界面张力。$\theta$ 为平衡接触角，或称材料的本征接触角，也可以表示为 $\theta_e$。

Young's 方程是研究固 / 液润湿作用的基础，接触角 $\theta$ 的大小是判定润湿性能好坏的判据：

$\theta=0$　完全润湿，液体在固体表面铺展

$0<\theta<90°$　液体可润湿固体，且越小，润湿性越好

$90°<\theta<180°$　液体轻度不润湿固体

$\theta=180°$　完全不润湿，液体在固体表面凝聚成小球

应当指出，Young's 方程的应用条件是理想表面，即指固体表面是组成均匀、平滑、不变形（在液体表面张力的垂直分量的作用下）和各向同性的。只有在这样的表面上，液体才有固定的平衡接触角。

关于亲水和疏水的概念问题还存在争议。一直以来，较为普遍的说法是以 90° 为界限，也就是，接触角 $\theta<90°$ 的固体表面被定义为亲水表面；$\theta>90°$ 的被定义为疏水表面。但是，近年来的研究表明，实际上的亲水和疏水的界限应定义在约 65°。按照此界限，就扩大了疏水表面的范围。由于粗糙结构可以增强表面的浸润性，从而产生特殊浸润性。其中，超亲液性、超疏液性即代表了特殊浸润性的两个方面，严格地说，超亲液性是指液滴在固体表面的接触角小于 10° 时固体表面所具有的浸润性；超疏液性是指液滴在固体表面的接触角大于 150° 时固体表面所具有的浸润性。

2. 固体表面自由能

固体的表面自由能主要取决于固体组成分子之间的相互作用力，固体的表面自由能越大，越易被一些液体所润湿。对液体来说，一般液体的表面张力（除液态汞外）都在 100 mN/m 以下。以此为界可把固体分为两类：一类是高能表面，如常见的金属及其氧化物、硫化物、无机盐等，有较高的表面自由焓，在几百 mJ/m$^2$ 至几千 mJ/m$^2$，它们易为一般液体润湿；另一类是低能表面，包括一般的有机固体及高聚物，它们的表面自由焓与液体大致相当，在 25 ～ 100 mJ/m$^2$，它们的润湿性能与液 / 固两

相的表面组成与性质密切相关。

固体材料表面能的计算方法可由界面间的黏附能关系及杨氏方式推导得到。其中，界面间的黏附能由极性分量（polar components）和色散分量（dispersion components）两部分组成，基于界面间分子力线性相加的原理，可将界面间的黏附能用式（2-3）来表示。

$$W_{ij} = W_{ij}^{\mathrm{p}} + W_{ij}^{\mathrm{d}} \tag{2-3}$$

式（2-3）中，p 上标和 d 上标分别表示黏附能的极性分量和色散分量。而针对液体在固体表面的情况，可用液体表面张力的色散分量和极性分量分别表示固液界面间黏附能的色散和极性分量即

$$W_{ls} = W_{ls}^{\mathrm{p}} + W_{ls}^{\mathrm{d}} = (\gamma_l^{\mathrm{p}}\gamma_s^{\mathrm{p}})^{1/2} + (\gamma_l^{\mathrm{d}}\gamma_s^{\mathrm{d}})^{1/2} \tag{2-4}$$

式（2-4）中的$\gamma_l$为液体的表面张力，p 和 d 分别表示为液体表面张力的极性分量和色散分量（$\gamma_l = \gamma_l^{\mathrm{p}} + \gamma_l^{\mathrm{d}}$）。而根据杨氏公式，液体与固体的黏附能满足式（2-5）。

$$W_{ls} = \gamma_l \left(1 + \cos\theta_{\mathrm{e}}\right) \tag{2-5}$$

式（2-5）中的 $\theta_{\mathrm{e}}$ 为液体与固体间的接触角，将式（2-4）和式（2-5）联立，即得到式（2-6）。

$$\gamma_1 \left(1 + \cos\theta_{\mathrm{e}}\right) = (\gamma_l^{\mathrm{p}}\gamma_s^{\mathrm{p}})^{1/2} + (\gamma_l^{\mathrm{d}}\gamma_s^{\mathrm{d}})^{1/2} \tag{2-6}$$

分别测得任意两种测试液在固体表面的接触角，代入式（2-6），联立方程可获得固体表面能的色散分量和极性分量。测试液的表面张力及分量如表 2-3 所示。

**表 2-3　测试液的表面张力及分量**

| 测试液 | 色散分量（$\gamma_l^{\mathrm{d}}$）/mJ・m$^{-2}$ | 极性分量（$\gamma_l^{\mathrm{p}}$）/mJ・m$^{-2}$ | 表面张力（$\gamma_l$）/mJ・m$^{-2}$ |
|---|---|---|---|
| 水 | 22.6 | 50.2 | 72.8 |
| 二碘甲烷 | 49 | 1.8 | 50.8 |
| 乙二醇 | 29 | 19 | 48 |

3. 表面能对印刷图案的影响

基底表面能会影响墨层质量，影响器件性能。以喷墨墨水为例，介绍表面能对印刷图案的影响。如果基材疏水，喷出的导电墨水在低表面能的基底上会收缩，线宽变窄；如果基材超疏水，墨滴收缩严重，无法形成连续均匀膜，从而线条之间出现断点现象，导致断路。如果基材太亲水，墨水在基材上扩散，线条会变宽；如果基材超亲水，

导致相邻两条线接触，从而出现短路现象。只有墨水与基材的润湿性在某一特定情况下，得到的线条才是理想的。例如，用 10 pL 的喷头可得到 55μm 的线宽，如调整调节墨水和基材的表面能，可以得到更细的银线。

# 第三节　印刷电子材料

## 一、印刷电子基材及其表面处理技术

用于电子器件的可印刷基材有刚性的玻璃、金属和柔性的塑料、纸张等。根据基材的特性可将印刷电子扩展更多的分支，如塑料电子、纸电子、柔性电子等。不同的基材，除了厚度、密度有较大区别外，其透光性、热膨胀系数、耐热性、耐化学性、表面粗糙度、表面能等基本性能差异较大，如表 2-4 所示。一般根据印刷电子产品本身、制造工艺要求等来选择承印基材。例如，对于要求透光性高的产品需要选择透光性好的基材，如聚对苯二甲酸乙二醇酯（PET）、聚萘二甲酸乙二醇酯（PEN）；对于需要后处理加热的产品，需要选择耐热性高的基材，如聚酰亚胺（PI）、玻璃，而纸张、PET 等无法用于高温后处理。此外，塑料基材平整光滑，但表面能低，油墨在其表面无法铺展，印刷的图案膜层表面不均匀；纸张表面相对粗糙，造成印刷薄膜不连续，最终会影响印刷导电油墨的导电性，同时，其孔径大、孔隙度高，使其吸墨速度快，油墨大多渗透到纸张内部；纺织品包括织造织物、非织造织物，其粗糙度更大、孔隙度更高，油墨在其表面扩散严重，同时，表面的纤维毛细作用强，使油墨更容易渗透。因此，这些基材用于电子器件制造前需对其进行表面改性。常用的表面改性方法有等离子体处理、涂层处理等。

**表 2-4　电子器件制造常用基材及相关性能**

| 基材 | 厚度 /μm | 密度 /g·cm$^{-2}$ | 雾度 /% | 透光率 /% | $T_g$ /℃ | 极限温度 /℃ |
|---|---|---|---|---|---|---|
| 聚对苯二甲酸乙二醇酯 | 16 ～ 100 | 1.4 | 0.3 | 90 | 80 | 120 |
| 聚萘二甲酸乙二醇酯 | 12 ～ 250 | 1.4 | 0.8 | 87 | 120 | 155 |
| 聚酰亚胺 | 12 ～ 125 | 1.4 | — | — | 410 | 300 |
| 玻璃 | 50 ～ 700 | 2.5 | 0.1 | 90 | 500 | 400 |
| 纸张 | 50 ～ 200 | 0.6 ～ 1.0 | — | — | — | 130 |
| 不锈钢金属 | 200 | 7.9 | — | — | — | 600 |

（一）等离子体处理

低温等离子体作为一种基材处理工艺，与塑料印刷中的电晕方法类似，可实现对基材表面进行清洗、活化并增加表面能，处理过程如图 2-5 所示。等离子体是由高强度直流电弧放电即高频感应耦合放电产生的，其作用机理是等离子体中的大量电子、离子、激发态的分子和原子、自由基等活性粒子与基材表面相互作用使其表面发生氧化、还原、裂解、交联和聚合等复杂的物理和化学反应，并在材料表面形成一层带电的极性功能团（羰基、羧基、羟基等），从而增加材料的表面能，提高其表面吸附能力。例如，弹性的聚二甲基硅氧烷（PDMS）橡胶本身的接触角为 113.8° ，具有疏水性，经等离子体处理后的接触角为 34.9° ，油墨容易在其表面润湿铺展能力。

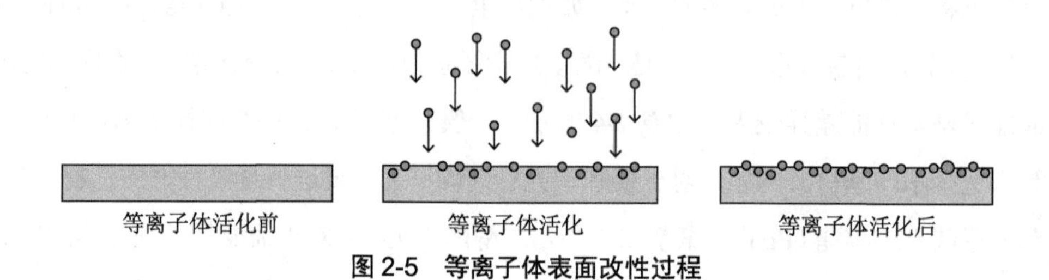

图 2-5　等离子体表面改性过程

（二）涂层处理

除上述等离子体处理的方法外，为了使油墨容易在塑料基材上良好铺展，也可在塑料基底上涂布一层打底的高分子材料。为了满足应用要求，目前市场上销售的 PET 基底大部分是已经打底处理过的。而纸张的表面吸收性、表面粗糙度高，不利于油墨在其表面连续成膜，需通过纸张表面增加合适的涂层，如预涂层、光滑层（高岭土）、阻隔层（乳液）、压光层（高岭土）等，使纸张表面粗糙度从 680nm 变为 55nm。也可在纸张表面淋膜低密度聚乙烯或碳酸钙层作为阻隔层，再涂布介孔层作为油墨吸收层，使印刷在其上的油墨中的溶剂快速渗透、功能填料在阻隔层处停留，结构如图 2-6 所示。这种纸适合水性的低黏度墨水。针对织物表面粗糙的特点，油墨在其表面渗透严重，特别是用于印刷电子基材后还需满足耐弯曲、耐洗涤、耐摩擦等要求，可在其表面先涂布一层树脂层（如聚氨酯）作为连接织物基底与上方油墨的中间界面层，可降低织物表面的粗糙度、减少印刷油墨的用量，同时可提高油墨的耐性。

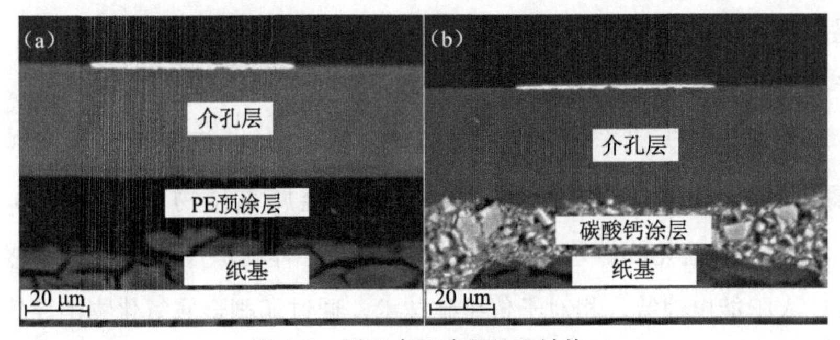


**图 2-6　纸张表面涂层处理结构**

（三）氟化处理

基材表面用氟硅烷氟化处理后可提高其疏水特性，降低油墨在基材表面的扩散，尤其对喷墨打印更有利。氟化处理是通过使氟硅烷分子在真空加热下气化，并沉积到具有活性基团的基材表面上，发生硅烷化反应，从而使基材表面被氟硅烷修饰。氟化处理后的表面呈现疏水甚至超疏水特性，油墨或墨滴在其表面上的三相接触线会收缩并滑动，从而有利于制备精细的图案。

## 二、印刷电子油墨

（一）印刷电子功能材料简介

印刷电子中的功能材料主要有导电材料、半导体材料、介电材料、压电材料等，根据材料的不同可制成不同的油墨，具体如下。

1. 导电材料

导电材料用于器件各组件之间的连接或形成导电线路，随着纳米材料制备技术的发展，已开发出各种导电材料，实现低电阻、低处理温度（< 150℃）、可拉伸性，如金属纳米粒子、金属纳米线、碳材料、导电高分子、有机金属复合物等。金属纳米粒子包括金、银、铜等，具有良好的导电性、低温烧结性，并且可获得精细图案；金属纳米线精细图案化有一定难度，但机械柔性、透光性良好，可用于拉伸电子领域；碳基材料，如碳管、石墨烯，具有高的本征载流子迁移率，导电性、机械柔性、光学透明性较好，在光电子器件方面具有优势；导电高分子，如聚噻吩、聚苯胺，通过 π 键重叠或跃迁机理实现电荷传输；有机金属可降解化合物（Metal-Organic Decomposition）是金属与有机物的复合物，如六氟代乙酰丙酮银、1,5- 环辛二烯醋酸酮，其可溶解到有机溶剂中，油墨中无颗粒，避免了喷墨打印中的堵头现象，但需要

在一定温度下烧结以降解去除有机物，得到纯的金属膜。

2. 半导体材料

半导体材料包括无机半导体材料和有机半导体材料。无机半导体材料包括硅、过渡金属氧化物（$TiO_2$、$V_2O_5$、$WO_3$）、非过渡金属氧化物（ZnO、$SnO_2$、$In_2O_3$、$Ga_2O_3$）、过渡金属硫化物。基于金属氧化物的半导体材料广泛应用于传感器、场效应晶体管、太阳能电池等。相对于传统硅技术，通过印刷金属氧化物半导体，可实现低成本制备高灵敏度的化学、光学、机械传感器，比如化学传感器是基于这些材料吸收或脱附化学气体而使导电性发生变化。

尽管无机半导体材料有出色的电学性能和环境稳定性，但它们的应用受限于其本身在溶液中的分散性能及较高的处理温度。对于分散稳定性，一般可通过溶剂交换和高分子稳定技术来提高无机半导体的分散性能；对于后处理方面，可采用紫外、红外、微波辐射或高压等相结合的方式，有效降低退火过程中的热负荷。从形态上讲，一维纳米线能很好地降低晶格失配，二维纳米材料具有独特的热、电性能，而成为近年来印刷材料研发的热点。

有机半导体材料主要包括共轭低聚物及一些稠环分子，主要依靠π键重合机制和跃迁机制进行电荷传输，具有分子结构可设计、成膜简单的特点，在有机发光二极管、有机太阳能电池、有机晶体管等领域得到了广泛研究。共轭低聚物如噻吩类化合物，由于噻吩的五元环结构，齐聚噻吩中相邻单元一般呈锯齿状反向排列。另外，由于相邻单元的氢原子间几乎没有空间相互作用，因此，齐聚噻吩在固相下更易形成分子内高度平面结构和分子间紧密堆积。此外，噻吩的硫原子具有较高的电子极化度，使含噻吩的化合物之间有多种作用形式从而诱导晶体排列或增强分子间相互作用。因此，噻吩类化合物在固态下具有较高的载流子迁移率。有机半导体材料的可溶液化处理促进了有机印刷电子的发展。稠环分子如稠环类芳香化合物，其具有共轭平面结构，固态下容易形成分子间紧密堆积的有序薄膜，使分子间具有很强的电子相互作用。典型代表是并苯类稠环化合物，如红荧烯是一类重要的并苯类分子，具有极高的载流子迁移率，但其在固态下倾向于呈现无规则排列，很难通过一般溶液加工方法制备有序度高的薄膜，可引入其他取代基团提高其溶解性。萘二酰亚胺、苝二酰亚胺类稠环化合物是目前最稳定的高迁移率的n型材料，通过在氮原子上引入烷基可有效调节材料的溶解性和提高器件的稳定性。此外，酞菁类化合物也具有高迁移率，如酞菁铜、全氟代酞菁铜是这类化合物的典型代表。与无机半导体材料相比，有机半导体的电荷载流子迁移率和环境稳定性较低，但其成本相对低廉、材料柔韧性高，特别是材料的工艺性能显著。有机半导体长时间处理的稳定性和可靠性是一个技术难题，特别是当有机半导体的电离性能低时，容易被氧化，会导致器件老化或降解。

3. 介电材料

印刷电子材料研究主要集中于导体、半导体材料，对高性能介电材料的关注较少。介电材料常用于场效应晶体管的栅极，包括二氧化硅、氧化铝、二氧化铪、有机聚合物等。大多数无机介电材料需要经高温烧结过程形成高密度膜，高温退火操作限制了其应用。有机介电材料，如聚 4- 乙烯基吡啶（P4VP）、聚二甲基硅氧烷（PDMS）、聚甲基丙烯酸甲酯（PMMA）、聚苯乙烯（PS）、聚乙烯醇（PVA）、聚氯乙烯（PVC）、聚酰亚胺（PI），可以用溶液法在室温下制备得到，具有低温处理、高介电强度、柔韧性好的特点，但其介电常数相对于无机金属氧化物的要低。场效应晶体管的电性能，如操作电压和栅极漏电流依赖于栅极的介电性能和介电层与半导体膜之间低的界面缺陷密度。例如，用于栅极的聚合物介电材料的介电常数低，在降低膜厚方面有一定难度，主要是由于膜厚小时容易形成针孔，需要膜厚大于 300nm，但这样会导致高操作电压。因此，需开发高介电常数的有机介电材料来减小膜厚使其达到纳米级别，从而实现低操作电压，如将高介电常数的无机介电材料钛酸钡嵌入聚合物介质中，来提高介电常数和漏电流。

表 2-5　不同材料的介电常数对比

| 材料 | 介电常数 /k | 材料 | 介电常数 /k |
|---|---|---|---|
| 二氧化锆 | 25 | 聚酰亚胺 | 3.0 |
| 氧化铝 | 10.1 | 聚乙烯基苯酚 | 3.5 |
| 二氧化铪 | 25 | 聚二甲基硅氧烷 | 2.6 |
| 二氧化硅 | 3.5 | 聚乙烯 | 2.4 |
| 聚偏氟乙烯 | 6.0 | 聚苯乙烯 | 2.5 |

4. 压电材料

压电材料是具有压力敏感性能的材料，是制备将机械能转变为电能的器件的合适材料，也可用于制备压电传感器测试外部压力的变化。压电原理是在外力作用下，压电材料晶体内的电荷中性被破坏，诱导在材料边界产生电场。比如，氧化锌在外力作用下偶极子排列发生变化而产生电场。常见的压电材料有氧化锌（ZnO）、锆钛酸铅

（PZT）、钛酸钡（BTO）、铌镁酸铅 - 钛酸铅（PMN-PT）、聚偏氟乙烯（PVDF），无机压电材料 PZT、PMN-PT 含有铅，对人体健康无益。而结晶的聚偏氟乙烯及其共聚物是基于聚合物的压电材料，压电性能受结晶排列影响，其具有宽的频率范围（$10^{-3}$ ～ $10^{8}$ Hz）、大的动态范围（$10^{-8}$ ～ $10^{6}$ psi），但压电系数相对比无机压电材料的低，可通过将聚偏氟乙烯与碳管、石墨烯、氧化锌、锆钛酸铅复合提高其压电性能。

### （二）印刷电子功能材料油墨化

通过印刷方式将功能材料转移到目标基底上，需将功能材料制备成具有特定印刷适性、满足相应印刷方式的油墨，即油墨化过程。我们首先介绍导电油墨的组成。

#### 1. 导电油墨的组成

导电油墨是指印刷于非导电承印物上，具有传导电流和排除积累静电的油墨。导电油墨固化干燥之前处于绝缘状态，固化干燥后溶剂挥发、导电材料和黏合剂固化，彼此之间紧密连接为一体实现导电。导电油墨与普通油墨的主要区别在于，其用导电材料代替了普通油墨的颜料或染料，能实现导电功能。其组成包括导电材料（作为功能相）、连接料（作为分散介质和成膜材料）、溶剂、添加剂组成。导电油墨作为功能性油墨，是印刷电子器件制备的关键环节。

（1）导电材料

导电材料均匀分散在连接料中，是构成导电油墨的主要材料，其性质和数量决定油墨的导电性能。目前对导电油墨的研发，主要集中在导电材料上，导电材料主要包括无机系和有机系两大类。无机系导电材料为常见的金属、金属氧化物、非金属，如微纳米尺寸的银、铜、锗、氧化铟、氧化锡、炭黑、石墨、石墨烯、碳纳米管。有机系导电材料主要有共轭聚合物、小分子化合物，如聚乙炔、聚苯胺、聚吡咯、聚噻吩等具有大共轭 π 键的高分子和羧基乙酸铜、乙酸银等有机金属化合物。在选择导电材料时，需考虑其表面化学特性，保证其可与连接料、溶剂相容成均匀体系。

由于纳米材料具有较大的比表面积而呈现较高的活性，因此，在制备的纳米材料表面一般都会包覆分散剂，其主要作用是使其能稳定分散。由于该表面包覆剂的存在，在一定程度上会影响成膜后膜层的导电性，需通过后处理方法使其从纳米粒子表面脱附。

（2）连结料

连结料是导电油墨的成膜物质，大多数是高分子树脂，如环氧树脂、醇酸树脂、丙烯酸树脂、羟乙基纤维素等，也可选用玻璃体、金属氧化物、陶瓷添加剂作为连接料。连接料主要用于调整油墨的流变性、膜层对基材的黏附性。但由于连接料属于绝缘体，使用较多时会隔断导电通路的形成，因此，导电材料和连接料的配比对导电油墨很重要。例如，采用银粉为导电材料时，当银粉含量为 70% ～ 90% 时对导电性比较适宜。在导电油墨中，提高导电性主要从选择导电材料种类、变更其填充量入手，而连接料的选择主要从使用对象所要求的物化性能入手。在性能满足的前提下，一般采用对导电材料电阻影响小、稳定性高的连接料。

（3）溶剂

溶剂用于分散导电材料、溶解连接料树脂，调整油墨的干燥速度、黏度、表面张力等。选择溶剂时，要求其不能使导电材料的导电性变得不稳定，还需考虑溶剂的挥发速度。为了控制油墨干燥的速度，需将高沸点和低沸点的溶剂按一定比例混合，以避免印刷膜层干燥太慢而黏脏或干燥太快而堵版，如高沸点的 α- 萜品醇和低沸点的乙醇混合溶剂。

（4）添加剂

添加剂包括分散剂、流平剂、表面活性剂、金属防氧化剂等，要注意控制添加剂的添加量，避免对导电性产生不良影响。

金属内部具有高的自由电子密度，在导电材料中导电性最好，而被广泛用于导电油墨。目前，银纳米粒子普遍用于金属导电油墨，商业化的银导电油墨的公司有杜邦、贺利氏、住友、京都 ELEX、Cabot、NovaCentrix、Sun Chemical、NanoMas、Applied Nanotech、InkTec、Harima Chemical、Advanced Nano Products、Samsung Electro-Mechanics、Cima NanoTech、PV Nano Cell、XJet Solar。但银价格高，使其在工业应用中具有难度，而且存在银迁移会导致短路。因此，寻找其他金属代替银，如铜、镍、锡。铜相对于银来说，导电性与银接近，而且其在自然界中大量存在，价格只有银的 1/100，并且可减少电迁移效应，因此可代替银用于导电油墨。但其容易在大气中氧化，尤其是尺寸小于 20 nm 时更严重。为了得到高导电、稳定的铜纳米粒子，可采用置换反应、种子生长、共还原等方法形成具有核壳结构的、高抗氧化的双金属纳米粒子来实现，如 Cu—Sn、Cu—Ag；也可采用分散到含有还原剂的溶剂体系中的 CuO 粒子作为导电粒子来制备铜导电油墨。目前，NovaCentrix、Intrinsiq Materials、Applied Nanotech、Samsung Electro-Mechanics 等公司在开发铜基导电油墨。

2. 导电油墨的制备

基于可溶液处理的印刷柔性电子促进了导电油墨的开发，如将有机半导体、金属氧化物半导体、一维金属纳米线、金属颗粒通过合适的分散方法可得到与印刷工艺相适应的导电油墨。本书重点以金属颗粒型导电油墨为例介绍导电油墨的制备方法。

（1）研磨混合法

其制备过程与普通油墨类似，根据导电油墨的组成，将导电材料（微纳米金属颗粒）、水性或溶剂性连接料树脂、溶剂、添加剂按一定比例混合搅拌预分散，然后在三辊研磨机上研磨，使金属颗粒二次聚集体打碎恢复到起初的颗粒尺寸，最终成为均匀稳定的油墨。这种方法一般适用于亚微米到微米尺度的颗粒型油墨制备。例如，将银粉 60 份、水溶性纤维素衍生物 10 份和醇醚混合溶剂 20 份搅拌预分散，预分散的主要作用是使银粉被纤维素、溶剂润湿。在研磨过程中，研磨辊之间的间隙、辊的转速、研磨时间对油墨的分散效果都有一定影响。因此，需逐次减小辊之间的间隙进行多次研磨，并且转速不能太快。

（2）浓缩法

采用湿法化学还原法批量制备的金属纳米粒子分散液中金属纳米粒子的含量一般都在 10% 以下，而导电油墨要求在 20% ～ 80% 才可满足应用需求，这是由于含量高有利于增加印刷层内的粒子之间的接触机会，从而为电子传输提供更多的渗透路径。因此，需通过溶剂沉降、离心分离或反渗透等技术方法提高金属纳米粒子的含量。其中，离心分离方法相对复杂、耗时，难以满足规模化制备，并且离心后的粒子不容易再分散到溶剂中。而溶剂沉降法是通过添加溶剂破坏原体系的稳定性，使银纳米粒子沉淀下来。北京印刷学院李路海老师团队在溶剂沉降法制备高固含量银纳米粒子导电油墨取得了较好的效果（如图 2-7 所示），他们采用双向进料法，在聚乙烯吡咯烷酮保护下用水合肼还原硝酸银，制备了水性的银纳米粒子分散液。然后通过按一定比例加入丙酮溶剂促使银纳米粒子迅速沉降，同时有效去除了非导电杂质聚乙烯吡咯烷酮，实现银纳米粒子含量高于 70%，非导电杂质含量低于 3%，且可稳定分散在水、乙醇、丙三醇、乙二醇等混合溶剂中。浓缩法一般适用于亚微米到微米尺度的颗粒型油墨制备。

图 2-7 北京印刷学院制备的银纳米粒子导电油墨

反渗透技术也可用于浓缩提纯金属纳米粒子分散液，在压力作用下，使纳米银粒子通过一定孔径的中空纤维膜，这样直径大于孔径的粒子不会通过膜而被收集起来，而小于孔径的粒子、溶剂、小分子等则通过膜渗透出去，如图 2-8 所示。Hutchison 等利用该技术可获得固含量为 80% 以上的金属导电油墨。

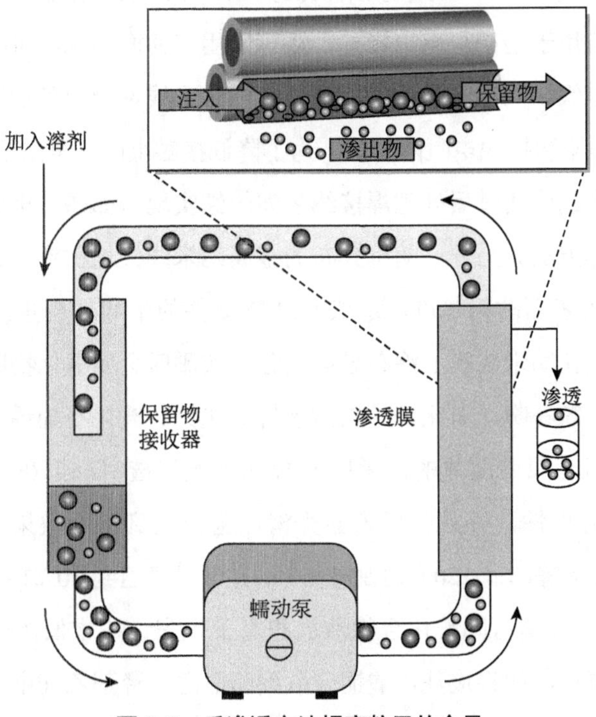


图 2-8 反渗透方法提高粒子的含量

需要指出，金属纳米粒子用于导电油墨时需首先考虑粒子在油墨中的稳定性。因此，需在制备纳米粒子过程中加入聚合物材料稳定剂，这样才能保证其在保存及使用过程中不发生聚集。在使用金属颗粒导电油墨过程中，要注意正确的保存方法，需在低温干燥环境下储存，使用前提前几个小时取出，让其恢复到室温。同时，还需掌握一些操作技巧，避免出现问题。例如，在印刷银导电油墨过程中，避免由于烘干不彻底（如烘干的温度不够、时间不够或干燥方式欠佳）而使其电阻增大；印刷前油墨搅拌不彻底，由于银的比重大容易沉在底部，造成油墨上层银含量低，电阻增大，下层银含量高，附着力降低等。此外，不是同一种树脂做连接料的银导电油墨混合时要注意，避免影响附着力及成膜性。

3. 其他导电油墨简介

除了金属颗粒外，其他材料如金属纳米线、有机金属可降解化合物、碳材料、液态金属、导电高分子等也可做成导电油墨。每种材料具有各自的特点，应用领域也不同，制备方法主要以研磨分散为主。

（1）金属纳米线导电性好，机械柔韧性要优于金属纳米粒子，而且在弯曲时电阻变化率较小，除应用于透明导电电极外，还可应用在曲面显示、可拉伸传感器。金属纳米线导电油墨以银、铜纳米线为主。电子可在纳米线本身内和纳米线之间传输，因此电阻包括本征电阻和接触电阻两部分。为了降低接触电阻，可采用高长径比（线长/线直径）的银纳米线或通过后处理焊接线之间的结实现，如热、机械、电化学处理、与其他材料复合等方法。另外，随机分布的金属纳米线会堆积或凸起，形成局部较高的尖峰，提高了膜表面的粗糙度，造成OLED器件的半导体层短路而限制其直接用于底电极，可通过在纳米线膜上涂布导电高分子或溅射金属氧化物降低表面粗糙度来解决，如聚乙撑二氧噻吩、氧化锌、铝掺杂的氧化锌、氧化石墨烯等。

（2）基于有机金属前驱体的油墨因不含纳米颗粒透明，可在相对低的温度下发生降解获得高的导电性，并且膜层表面光滑，甚至达到镜面效果。如β-酮基羧酸银墨在100℃即可降解，在120℃时加热60 min电阻率达到$10^{-6}\Omega \cdot cm$，粗糙度为29 nm。基于铜的有机金属可降解化合物油墨相对于银来说成本低，但需置于惰性气体中加热以避免铜氧化，如将羧基乙酸铜分散到萜品醇、羟基乙酸中，然后打印成膜并在290℃烧结，可得到铜导电膜。

（3）传统的碳材料包括炭黑、石墨，已被用于碳系导电油墨中。其中，炭黑聚集体的粒径、形状或结构、孔隙度对导电性影响很大，粒径越小、结构越高，彼此接触、靠近的聚集体数目越多，从而赋予较高的导电性；石墨具有平面的网状结构和片状结构，未参加杂化的p电子比较自由，相当于金属晶体中的自由电子，所以石墨具有导电、导热等性能。

新型碳材料包括碳纳米管、石墨烯，具有可溶液处理特性，加上其高的本征载流子迁移率、良好的机械柔性和光学透明性，使其可用于光电子器件。形成碳管基油墨的挑战是在合适的介质中得到稳定的、非聚集的碳纳米管分散液。采用合适的溶剂、表面活性剂、稳定剂，碳管可分散形成具有不同流变性能的油墨，满足不同的印刷方式。紫外固化的油墨具有快速干燥、无有机溶剂挥发的特点，紫外固化的碳管油墨为快速制备印刷电子产品提供了优势。石墨烯作为二维碳材料，其中碳原子的 $sp^2$ 化学键使其具有独特的面内导电性，其电阻虽然比银的高 $10^3$，但在低成本、机械柔性、热稳定性、化学稳定性方面仍有优势。制备石墨烯及其衍生物的方法有机械剥离法、液相剥离石墨法、化学气相沉积法、有机复合物溶剂热合成法、热分解碳化硅法、氧化还原法。其中，化学气相沉积生长的石墨烯是聚多晶材料，存在一定缺陷，如晶界和位错，这会影响其导电性。为了实现石墨烯在印刷电子中的应用，通常是将石墨置于水或有机溶剂中，在物理或化学作用下破坏碳原子间的作用力，剥离分层来制备石墨烯，从而实现石墨烯的可溶液处理。近年来，由于液相剥离法制备的石墨烯具有完整的晶体结构，质量高且缺陷少，学术和工业界已经广泛将其应用在电子、光电子、传感器、能量存储等领域。用于印刷电子的石墨烯导电油墨需要相对高的固含量，并要求其能稳定分散。通过液相超声剥离处理制备的原生石墨烯在分散溶剂中容易聚集。为了得到稳定的原生态石墨烯油墨，需要选择溶剂、表面活性剂、聚合物稳定剂来减轻石墨烯片的聚集，如在乙醇、萜品醇、N- 甲基吡咯烷酮体系中用乙基纤维素稳定高浓度的石墨烯。但制备原生石墨烯时面临产率低的问题（石墨烯含量仅在 0.002% ～ 0.1%），而且黏度小不太适合印刷转移。相对于原生石墨烯，制备氧化石墨烯不需要加入稳定剂，并可稳定分散到水或溶剂中，更适合用于导电油墨，并且经印刷、还原后具有较高的导电性。氧化石墨烯可通过将石墨粉末置于强酸和氧化剂环境下，在搅拌条件下发生氧化还原反应得到，由于其含有羟基、环氧基、羧基、羰基，因而可分散到 N,N- 二甲基甲酰胺、N- 甲基吡咯烷酮、乙二醇、水等极性溶剂中。这种方法制备的石墨烯含量可达 0.1% ～ 1%，且氧化石墨烯经还原后可进一步提高其导电性。

（4）液态金属合金是一种常温下呈液态的金属合金材料，由镓及其合金组成，GaInSn 和 EGaIn 是两种典型的液态金属合金材料。GaInSn 是由镓、铟及锡元素组成的液态金属合金，不同的组成配比会影响其熔点。一种典型的配比为 68.5wt% 镓、21.5wt% 铟、10.0wt% 锡，此组分构成的合金熔点为 -19℃；另一种配比为 62.5wt% 镓、25wt% 铟、12.5%wt% 锡，此组分构成的合金熔点为 10℃。EGaIn 是由镓和铟两种元素组成，典型配比为 75.5wt% 镓和 24.5wt% 铟，合金熔点为 15.5℃。液态金属熔点低，黏度低（$2.7\times10^{-7}m^2/s$），表面张力大，不易挥发，性能稳定，流动性稳定，本身具有高导电性（电阻率 $2.98\times10^{-7}\Omega\cdot m$），无须后处理。在室温下可采用喷印、模板沉积、压印、直写、3D 印刷、微接触印刷等方式来沉积液体金属图案，制备特定的电子器件，如晶体管、可拉伸的印刷线路、可穿戴的印刷线路。但液态金属表面张力和密度大，在塑料基底上润湿性差，因此实现高精度图案化仍会有一定难度，并且合金与基底的润湿性是决定图案质量的关键因素。除将金属化合物、金属纳米材料用于喷墨打印制备电子器件外，液态金属也被用于制备导电线路。中科院理化技术研究所的刘静，在喷墨打印液态金属制备导电线路方面做了深入研究，并用于柔性电子、拉伸电子等领域。

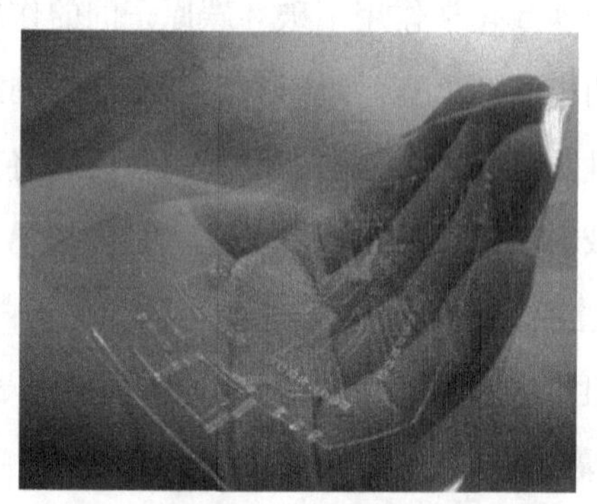

图 2-9　采用液体金属制备的柔性电路

（5）导电高分子开创了高分子科学的崭新研究领域，如聚苯胺、聚噻吩、聚吡咯，其电荷传输依赖于 π 键重叠或跃迁机理，其应用最大的问题是器件性能相对较差，主要是由于无序膜和跃迁导电本质，而这可通过增加共轭结构实现。聚乙烯基二氧噻吩：聚苯乙烯磺酸（PEDOT：PSS）是目前已商业化应用的导电聚合物，通过聚苯乙烯磺酸与聚乙烯基二氧噻吩复合后，可使聚乙烯基二氧噻吩分散到水中，形成稳定的亚微米水性分散体，具有高导电、高透明、柔韧性好、热稳定性好以及基材选择广泛的特点。在配制聚乙烯基二氧噻吩导电油墨时，需要加入一定量的磺化聚酯树脂提高其对基底的黏附性，并且需通过添加 3% ～ 5% 的二甲基亚砜、乙二醇实现二次掺杂增加导电性。聚乙烯基二氧噻吩：聚苯乙烯磺酸涂布到基底上后需在 120℃以上加热成膜，获得浅蓝色的透明膜，限制了其在显示器件上的应用。同时，环境稳定性问题也限制了其用于可穿戴的发光二极管、太阳能电池上。

导电高分子聚吡咯（PPy）具有较高的导电性、良好的热稳定性，并且低成本、环境友好，可作为超级电容器的电极材料，也可代替金属作为摩擦起电的纳米发电机的电极材料。导电高分子聚苯胺（PANI）因在众多共轭导电聚合物中性质稳定，具有独特的掺杂机制和优异电化学性能而极具研究价值。可通过化学氧化聚合苯胺单体得到聚苯胺，再经盐酸、对甲苯磺酸（TSA）、十二烷基苯磺酸（DBSA）掺杂，获得质子酸掺杂的高电导率的掺杂态聚苯胺。当用有机酸掺杂时，聚苯胺的稳定性、可溶性大大改善。将导电聚苯胺与环氧树脂、丙烯酸树脂、二甲苯混合，进一步可得到聚苯胺导电油墨。尽管有机导电高分子的环境稳定性具有挑战，仍在不断开发更好导电性、更稳定的有机半导体用于制备基于有机材料的柔性电子器件。

近年来，研究人员结合不同材料的优势，通过将不同材料复合提高材料的性能，如导电性、透光性、稳定性、耐用性、柔韧性等，实现低成本、高效性、批量化等目标，包括导电聚合物与碳纳米管或石墨烯复合、导电聚合物与金属纳米粒子复合、导电聚合物与金属纳米线复合、金属纳米线与氧化物复合、金属纳米线与碳纳米管复合等。例如，金属纳米线与碳纳米管复合时可缩短电子的渗透路径，从而提高单独使用银线时的导电性。而为了提高石墨烯膜的弹性模量，可用聚乙烯亚胺对带负电的纤维素纳米晶体改性，使其带正电，并与带负电的氧化石墨烯片复合形成强的离子作用，使弹性模量高达 200 ～ 250GPa。

印刷电子技术代表了电子材料与加法集成的平台，印刷电子广泛应用的障碍是满足印刷适性的油墨的大规模制备及成本，包括黏度、黏性、表面张力、干燥速度、黏附牢度等印刷适性。

## 第四节　电子器件印刷制造技术

电子器件制造可通过加法工艺、减法工艺、结构化技术实现。加法工艺包括印刷、涂布、真空沉积等，减法工艺包括激光切割、光刻等技术，结构化技术是在基底上构筑各类物理或化学结构，利用压印、去浸润、自组装等方式获得图案。随着新一代电子器件需求的快速增长，印刷技术可代替传统的真空沉积、光刻技术，以较低成本实现大面积、规模化制备柔性电子器件，如射频识别标签、电子纸、柔性显示、晶体管、传感器、透明导电膜。

传统的印刷技术包括胶印、凹印、柔印、丝印、凹版胶印、压电喷墨印刷等，新型印刷方式包括气流喷印、电动力学喷印、微接触印刷等，不同印刷方式对应不同的油墨黏度、印刷精度、膜层厚度、印刷速度等，具体对比如表 2-6 所示。

胶印属于间接印刷工艺，通过中间载体橡皮布转移油墨到承印物上，完成一次印刷，具有印刷速度快、成本低的特点。印版上图文和空白部分在高度上几乎处于一个平面，利用油水不相溶的原理完成印刷。胶印的油墨黏度最高，印刷精度也最高，但胶印目前很少在印刷电子中获得应用的报道，最主要原因是其要求油墨的黏度达 40000 cP 以上，导电油墨的黏度难达到。而其他几种印刷方式的油墨黏度要低许多，在印刷电子中的适用面更广泛。丝印是通过刮刀将油墨从网孔中漏到承印基底上，相对于其他印刷方式墨层厚度最厚，并且与网版的感光胶厚度有关。凹印是利用刮刀上墨然后通过毛细力转移油墨到基底上，墨层厚度比丝印的要小，但又高于其他印刷方式的厚度。柔印印版是柔性的树脂，为防止印版变形，印刷压力要相对小，油墨黏度比丝印、胶印的低。理想情况下，柔印、凹印版上的油墨会全部转移到承印基底上，但这具有一定难度，受到各种参数的制约，如油墨中溶剂的类型及含量、黏度，印版上图案的形状、深度，油墨和辊的润湿性，基底的表面能，印刷辊与转印辊之间的接触压力及转速，印版的材料及刮刀，等等。喷墨印刷油墨黏度最小，是无须印版的非接触印刷方式，印刷速度相对较慢，精度也相对较低。但由于其无须中间制版环节，可直接通过计算机将设计好的图形输出，效率相对较高。由于电子器件制造所用油墨组成、性能与传统印刷油墨的较大差异及特殊的印前、印后处理工艺，尤其是电子器件制造在墨层均匀性、厚度可控性、线条边缘光滑度等方面有更加严格的要求，传统的印刷工艺无法直接套用于印刷电子中，需要对制版参数、印刷条件等各方面进行调整。

表 2-6 各种印刷技术的特点对比

| 印刷方式 | 油墨黏度 /cP | 最小线宽 /μm | 单次成膜厚度 /μm | 印刷速度 | 印刷压力 | 油墨固含量 /wt% |
|---|---|---|---|---|---|---|
| 胶印 | ～ 40000 | 10 | < 10 | 快 | 高 | 50 ～ 90 |
| 凹版印刷 | 100 ～ 1000 | 10 ～ 50 | 1 ～ 5 | 快 | 高 | 50 ～ 70 |
| 柔版印刷 | 50 ～ 500 | 45 ～ 100 | < 1 | 快 | 中 | 50 ～ 70 |
| 丝网印刷 | 500 ～ 5000 | 50 ～ 150 | 5 ～ 100 | 慢 | 低 | 50 ～ 90 |
| 压电喷墨 | 10 ～ 20 | 30 ～ 50 | ≈ 1 | 慢 | 无 | 15 ～ 30 |
| 凹版胶印 | ～ 10000 | 10 | 1 ～ 15 | 快 | 中 | 50 ～ 90 |
| 气流喷印 | 1 ～ 1000 | 5 | < 1 | 慢 | 无 | — |
| 电动力学喷印 | 1 ～ 15000 | 0.1 | < 1 | 慢 | 无 | — |

新型印刷方式是借助于特殊的图案化技术来获取高精细的图案，如在印刷过程中利用外界气压、电场或基于光刻技术等满足印刷电子产品在高精度方面的要求，如OTFT 的源漏电极要求窄的线条和线条间小的间距。详细的描述在后续章节中。

## 一、传统印刷技术及其在电子器件制造中的应用

### （一）凹版印刷

1. 凹印系统的组成

凹版印刷系统由印版滚筒、压印滚筒、供墨部分组成。印版滚筒结构通常是在钢或铁质主体上镀有镍层、铜层、铬层，表面镀铬的目的是提高印版的耐印率。通过雕刻（电子或激光雕刻）铜箔的方法得到排列规整的、深浅或大小不一的网穴，作为印版的图文部分。凹印分辨率与网版的雕刻线数有关，通常激光雕刻的可达 1000lpi/cm。网穴的形状有棱台、棱锥、槽形等，不同形状的网穴其油墨转移率不同。德国斯图加特媒介大学在研究凹印方式印制射频识别标签的试验中，认为最好的制版方式是使用金刚石的电子雕刻方法，分辨率选在 5080 dpi，这时几乎没有锯齿边，并且能精确地传送需要的单元；前端制版所需的图像文件格式使用位图格式，这样图形信息不易损失；对于网点结构，需要选用一种特殊的有别于传统网穴的开放型网穴，开放型的网穴既保留网墙又能轻松地解决网墙分割油墨的问题。如果使用传统的网穴，网穴间的网墙将会把导电油墨分割开，不能形成连贯的通路。

除了网穴形状外，印版上网穴的宽度、长径比等也会影响网穴中的油墨转移。网穴形状及其雕刻深度还决定印刷后墨层的厚度。凹印印版除做成滚筒形式外，还可做成平板形式。

压印滚筒提供印刷压力，印版网穴中的油墨在一定压力下通过毛细作用传递到承印基底上，印刷压力对印刷图案保真度有较大影响。

通常供墨部分是印版滚筒浸入墨槽中，通过刮刀来填充油墨到网穴内，这要求每次需要较大的油墨供应量，且浪费较大。由于导电油墨较贵，一般采用在印版顶部供墨的方式减少油墨的需用量和浪费。

2. 凹版印刷过程

凹印包括以下四个过程，如图 2-10 所示。印版表面填充油墨、刮刀刮去空白部分多余油墨、网穴中的油墨通过毛细力从网穴中转移到基底上、基底上的油墨铺展合并固着成膜。油墨在印版上很容易铺展并填充到网穴中，通过刮刀将印版表面的油墨刮去，仅保留网穴中的油墨。

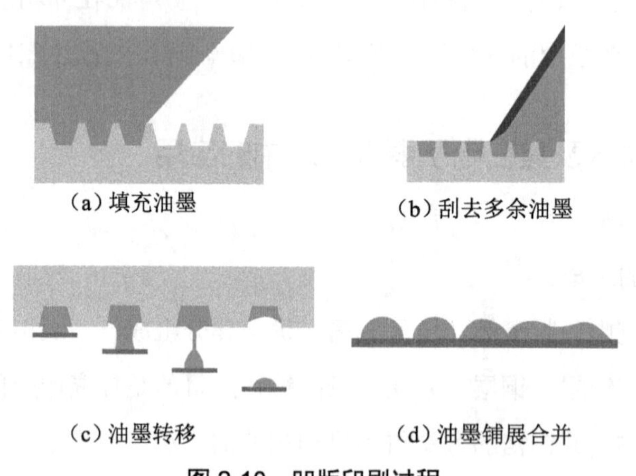


图 2-10　凹版印刷过程

印刷刮刀角度、刮刀压力决定油墨能否填满网穴或空白部分的油墨是否被刮干净，刮刀角度大，网穴孔内的墨被刮走一部分，就像油墨被挖走似的；角度小则刮不干净，使非网穴部分也有油墨，一般刮刀角度是 75°。

印刷获得的图案与印版上网穴形状不一定相同，特别是印刷高分辨率图案时，油墨的铺展是图案变形或降低图案精度的重要原因，有报道称，印刷线宽会比设计的网穴宽度大 2 ～ 3 倍。油墨铺展主要是由于油墨强涡流和润湿行为造成的。当基底从网穴槽退出时，在移动的基底上强的涡流形成了再循环区域，其导致垂直于机器方向的印刷图案变宽，而在机器方向的图案宽度不变。通常认为高黏度油墨可提高印刷图案与设计图案的还原一致性。层流可消除强的涡流，而对于高黏度油墨，油墨转移发生在层流区，因此通过增加油墨黏度可阻止油墨转移过程中的涡流效应从而提高印刷图案和设计图案的保真度。另外，油墨的铺展可通过油墨表面张力和基底表面能之间的平衡（匹配）来调控，而该平衡可用墨滴在基底上的接触角来表示，高的接触角对于控制铺展有利。接触角越高，润湿性越差，印刷图案宽度越小。因此，可通过两种方法提高油墨在基底上的接触角来阻止油墨铺展：对于固定基底可采用高表面张力的油墨，对于固定油墨可采用低表面能基底。然而薄层印刷图案的不稳定性对于高的接触角敏感，也就是接触角大于临界值时，由于部分润湿现象导致印刷图案条带变得不稳定。

在印刷过程中，油墨从网穴中转移相对复杂，涉及油墨与基底接触、油墨拉丝变细、拉丝断裂等过程，如图 2-11 所示。首先，网穴中的油墨与运动的基底接触并形成毛细液桥；其次，随着基材与油墨的距离增大，毛细液桥的接触线对称收缩滑向中心；最后，在颈内不断增加的毛细压使油墨液桥断开，从而在毛细作用下实现油墨从网穴中转移到承印基材上。油墨转移过程主要依赖于油墨在基底上、网穴内的接触线滑动、毛细液桥断开的时间，而滑动速度依赖于固体表面附近自由表面的曲率。网穴中油墨的转移量依赖于网穴形状、印刷压力、基底表面能，有报道称，可在网穴之间增加通沟来提高油墨转移率。

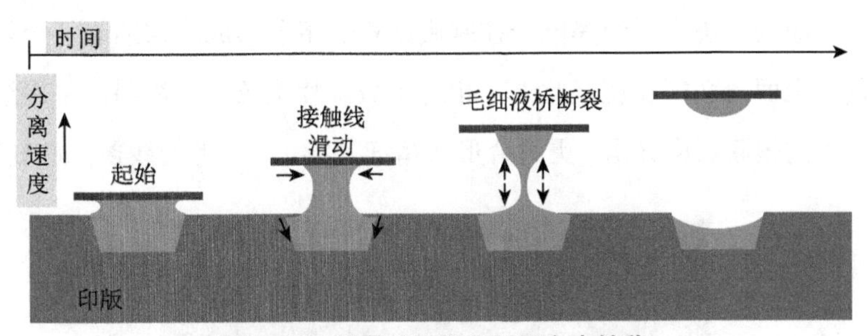


**图 2-11　油墨从凹版印版网穴中转移**

从网穴中转移出的油墨是和网穴相对应的独立的点，如果需要印刷线条图案时需要从相邻网穴中转移出的油墨点铺展并相互合并，而这很大程度上依赖于网穴之间的距离。从图 2-12 中可以看出，采用 50μm 网穴间距时，点未合并，仍保持独立的点；当网穴间距 25μm 时，相邻的点合并形成非连续的、边缘粗糙的线；当网穴间距 5μm 时，得到连续、均匀的线条，且边缘光滑。研究人员经实验发现，网穴间距与网穴宽度比在 1.06 ～ 1.4 的紧密排列，可印刷得到均匀的线条。

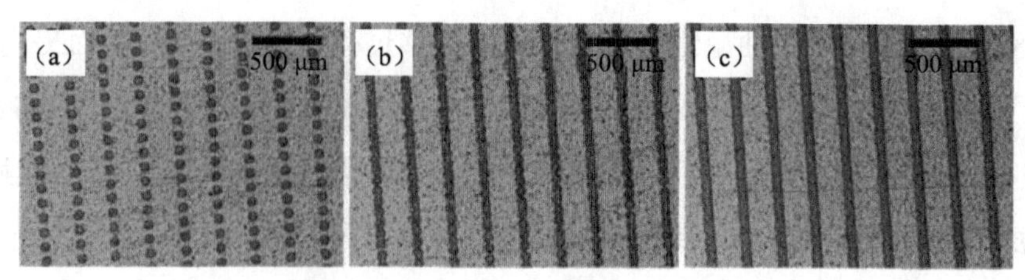


图 2-12 不同网穴间距得到的图案

3. 凹印油墨成膜要求

凹印油墨主要为溶剂型油墨，在配制凹印功能油墨时，需考虑油墨的黏度、表面张力、干燥时间之间的相互作用以提高膜层的质量和再现性。调整黏度、表面张力、干燥时间的简单方法是改变油墨所含物质的浓度或采用不同溶剂混合。

凹印油墨的黏度一般在几十厘泊到几千厘泊，高黏度的油墨印刷得到的线条膜层厚度可达 8 ～ 12μm，但也不能太高，否则会堵塞刮刀、无法填满网穴；低黏度油墨具有较好的毛细流动，但太低会使网穴中的油墨不完全转移，导致图案残缺。同时，黏度也会影响线条图案的宽度，低黏度油墨的流动性好，更容易发生扩展。例如，黏度为 0.2 Pa・s 的导电油墨印刷后的线宽由设计的 50μm 扩展到 67μm，而 3 Pa・s 的导电油墨扩展到 80μm，且长宽方向扩展接近。

油墨的表面张力决定了油墨能否在基底或相邻下层形成均匀的膜，一般通过添加高沸点溶剂、表面活性剂实现。此外，相对于微米片状粒子的油墨，采用纳米粒子的油墨印刷得到的墨膜表面光滑，更适合形成精细光滑、高导电的线条，如图 2-13 所示。

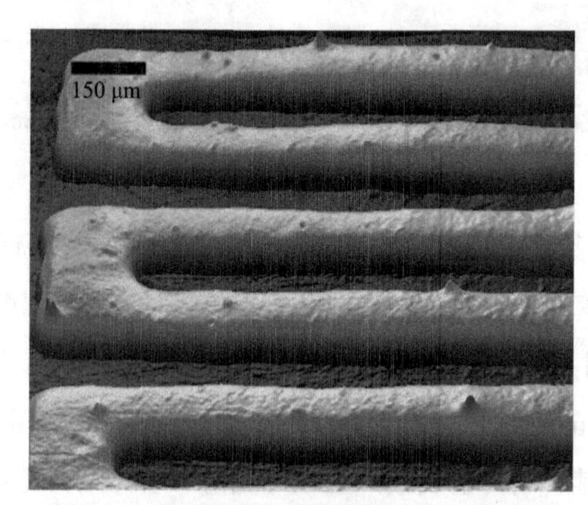


图 2-13 凹版印刷线条的扫描电子显微镜图

除油墨性能外，基底表面能也会影响膜层质量，油墨在低表面能的基底上会收缩，无法形成连续均匀膜，影响器件性能，可通过基底等离子体改性基底的表面能而改善膜层的表面形貌。

4. 凹版印刷在电子产品制造中的应用

印刷电子器件的性能依赖于其形貌，因此印刷制备高保真度的精细线条对于制备印刷电子器件很关键。一直以来，凹版印刷技以高分辨率、高速、高产量优势而应用在包装印刷生产中。有报道称，凹印可达到 30μm 甚至更细的精细图案，同时印刷速度可达到 1 ～ 200m/min，但印刷微纳米尺寸的银粒子导电油墨时，由于其需要一定的烧结时间方可获得良好的导电性，所以实际印刷速度会降低一些。由于凹印可以实现相对厚膜的印刷，在制作导电或者介电材料的电子图案时，比其他印刷方式更加有吸引力，但凹版印刷实现电子产品多层精确印刷还存在一定难度，这主要是由于多层套准依赖于较难控制的卷筒纸的张力控制。

卷到卷凹版印刷有机半导体油墨可实现连续、高效制备大面积的柔性光电器件。Mechau 等在 ITO/PET 基底上凹印聚乙烯基二氧噻吩、聚苯乙烯磺酸以降低 ITO 的功函数，然后在其表面再凹印 75nm 厚的聚苯基乙烯撑衍生物发光层（poly-phenylvinylene derivative，发黄光的聚合物），最终得到有机发光二极管。其中采用的凹印版网穴体积、加网线数分别是 14mL/$m^2$、54l/cm。印刷中采用甲苯和苯并噻唑作为混合溶剂并调整两者合适的比例来改变凹印时墨层的干燥时间，并改变发光层物质的浓度来调整其黏度，有利于获得均匀的膜层。

氧化剥离石墨得到石墨烯的方法需要化学、热处理降低石墨烯的导电性。而原生石墨烯在常规有机溶剂中分散稳定性差，仅能分散到 N- 甲基吡咯烷酮（NMP）中，但 NMP 不适于凹印（低黏度、有限的石墨烯浓度）。 Hersam 等将石墨烯 - 乙基纤维素粉末分散到乙醇、萜品醇体系中，得到固含量为 5% ～ 10%、黏度为 0.2 ～ 3Pa•s（@10$s^{-1}$ 的剪切速率）的石墨烯油墨，并采用刻蚀硅片制备了 5μm 深的凹印版，在聚酰亚胺膜上得到导电网格线条，如图 2-14 所示。该油墨避免了采用低黏度油墨印刷时图案的变形，如圆点会变成各向异性的中心空、拖尾的点，并且该体系具有优秀的导电性、与柔性基底相容性好。

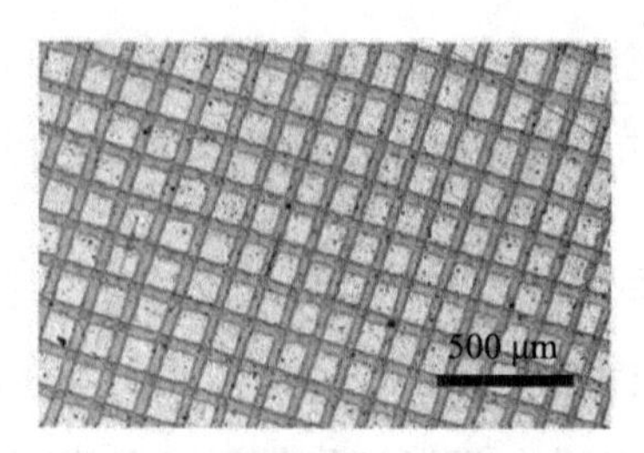


图 2-14　凹版印刷的石墨烯导电网格图案

总体来讲，凹印可以实现相对厚膜的印刷，图案分辨率较高（< 30μm），在制作导电或者介电材料的图案时，比其他印刷方式更有吸引力。由于需要和后处理方式同步，印刷速度相对要慢一些。但其制版周期长、成本高，且实现多层精确印刷还存在一定难度，这主要是由于多层套准依赖于较难控制的卷筒纸的张力控制。

（二）凹版胶印印刷

1. 凹版胶印印刷过程

凹版胶印结构包括印版滚筒、橡胶滚筒、压印滚筒。其中，印版滚筒、压印滚筒与凹版印刷的一样；橡胶滚筒与胶印的类似，也是作为中间转印辊，但材质是硅橡胶。由于有中间硅橡胶辊，凹胶印可以用于印制宽度只有几微米的细导线。凹版胶印印刷过程包括三个阶段，如图 2-15 所示。首先，在刮刀作用下将油墨从墨斗中注入凹版网穴中，并将多余的油墨刮掉；其次，硅橡胶辊与印版接触，网穴中的油墨被蘸取或吸取到硅橡胶辊表面；最后，在压力作用下，硅橡胶辊将其上蘸取的油墨转移到承印物上。需要注意的是，转移油墨到基底上时，在硅橡胶上的墨膜基本固化，避免了线条边缘的扩展，因此可印刷精细线条。另外，可将硅橡胶辊改为胶垫，通过其在垂直方向上的运动，将油墨转移到承印物表面，如图 2-16 所示。

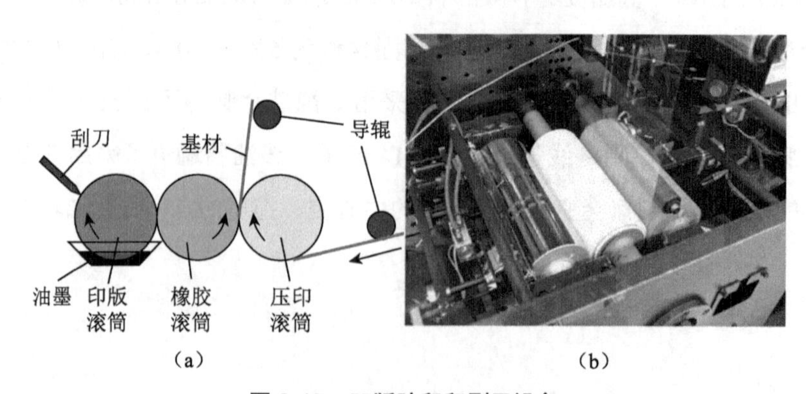


图 2-15　凹版胶印印刷及设备

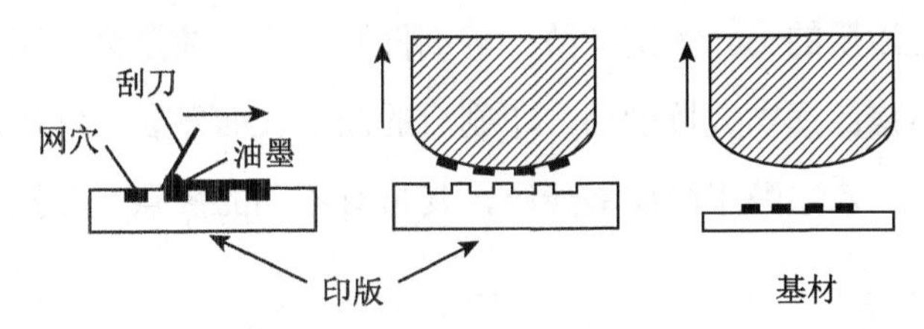


a.通过刮刀填充油墨到网穴　b.胶垫蘸取油墨　c.在基底上印刷图案

**图 2-16　采用胶垫转印油墨到平的基底上**

2. 凹版胶印印刷控制因素

凹版胶印印刷方式具有高精度、基底适应强、可批量制备的优势，油墨的转移率和印刷质量受制版参数（网穴形状和深度等）、承印基材表面性能和油墨性能等多种因素的影响。通过数字建模方法可对油墨转移过程中的基本流体动力学进行详细的研究，而这些通过实验观察或定量测量是很难实现的。

（1）印版

印版可采用化学刻蚀、机械雕刻、激光雕刻铜箔并镀铬的方式来制备，相对于凹印来讲，凹胶印要求印版表面足够光滑以使油墨能容易转移，同时要求网穴足够深以保证墨层能达到要求（＞ 10μm），而网穴的深度依赖于油墨的黏度，对于 10μm 深的网穴，低黏度的油墨几乎可 100% 取出来；对于高黏度的油墨，网穴深度需大于 27μm。

（2）导电油墨

凹胶印油墨的黏度一般要求为 30 ～ 40Pa•s，比凹印油墨（1 ～ 10Pa•s）的要大，其溶剂含量仅 10% ～ 30%，颗粒固含量在 50% ～ 80%，从而使其黏度较大。油墨黏度会影响印刷线宽和膜厚，同时也会影响油墨从网穴中转移到硅橡胶辊上、从硅橡胶辊转移到基材上，如黏度太高会降低油墨从印版网穴的转移率和膜层均匀性。仅仅通过调整溶剂组成还无法达到凹胶印的黏度要求，需在油墨中加入乙基纤维素、聚乙烯吡咯烷酮（$M_w$=10k）作为连接料提高油墨黏度。通常凹胶印使用的油墨具有剪切变稀的行为，并依赖于油墨中粒子的浓度。都涉及油墨的分离，要求油墨具有一定的黏弹性。

精细印刷要求油墨具有较好的触变性，可通过采用小粒子或增加固含量的方法来提高油墨的触变性。小粒子对于精细线条印刷是必需的；高固含量的油墨使减小印版雕刻深度成为可能，有利于油墨从网穴中传递转移到硅橡胶辊上。此外，片状粒子会使线条边缘质量不好，影响线条精细度，而较小的球形粒子有利于线条边缘光滑。

挥发速度是油墨的另一关键参数。溶剂挥发过快，油墨会干在网穴内难以从印版的网穴中蘸取出来；挥发太慢的话，印刷后的油墨表面发黏。常用的溶剂有二甘醇二乙醚、萜品醇、二乙二醇丁醚醋酸酯等，其具有不同的沸点，可按一定比例混合调整油墨的挥发速度。

（3）硅橡胶辊

硅橡胶材料是一种具有疏水特性的柔性有机硅材料，化学成分为聚二甲基硅氧烷（PDMS）。其由预聚物（商品名称是 Sylgard 184）和固化剂按一定比例（10 ∶ 1）混合，而后抽真空排除混合过程中的气泡，然后浇铸并在一定温度下（90 ～ 120℃）固化一定时间（10 ～ 30min）形成薄片。当包在金属辊表面作为硅橡胶辊时，其厚度在 1mm 以下，并且其表面平整有利于提高印刷质量。为了减少印刷过程中的震动，需要提高硅橡胶辊的硬度（10 ～ 18 肖氏硬度 A），可通过提高固化剂的比例来实现。

硅橡胶具有弹性、疏水特性，尤其是某些有机溶剂会使聚二甲基硅氧溶胀，因此在选择油墨溶剂时要注意，防止溶剂浸泡破坏其表面平整度。

（4）印刷参数

由于中间的硅橡胶具有柔软性，印刷压力比凹印的要小，印刷压力在 0.24 ～ 0.48MPa。印刷压力太小，线条不密实，膜层存在一定数量孔隙，影响其性能。压力对印刷线条宽度影响不大，这是由于在硅橡胶上的墨膜基本固化，不会在压力作用下发生变形。此外，刮刀压力一般为 2 ～ 4bar，刮刀角度为 60°。

（5）基底

可选择柔性、硬的基底作为承印材料。基底润湿性影响油墨在其表面固着、吸收、干燥、膜厚。油墨对印版的黏附力、对硅橡胶辊的黏附力应与其对基底的黏附力在一个数量级范围内，如相差太远会导致转移油墨时出现不均匀现象。

3. 凹版胶印印刷在制造电子产品中的应用

作为一种成本低、效率高、精度高、适合大规模生产的印刷方法，凹胶印技术在精细电路印刷领域受到人们的重视，可用于液晶显示、等离子体显示面板、有机发光二极管、射频识别标签、太阳能电池等产品。凹胶印印刷系统可设计成片到片（plate to plate）或卷到卷（roller to roller）形式，卷到卷具有高产量、基底选择灵活的优势，是较普遍的方法。利用凹胶印卷到卷的优势，韩国研究人员 Chun 等制备得到线宽 20μm 的透明导电膜，方阻为 1Ω/ □，透光率为 85%，如图 2-17 所示。Lee 等研究了分离速率、表面张力、接触角等对油墨转移的影响，发现黏度是最重要的影响油墨转移的参数，并且表面张力越大油墨转移越小。

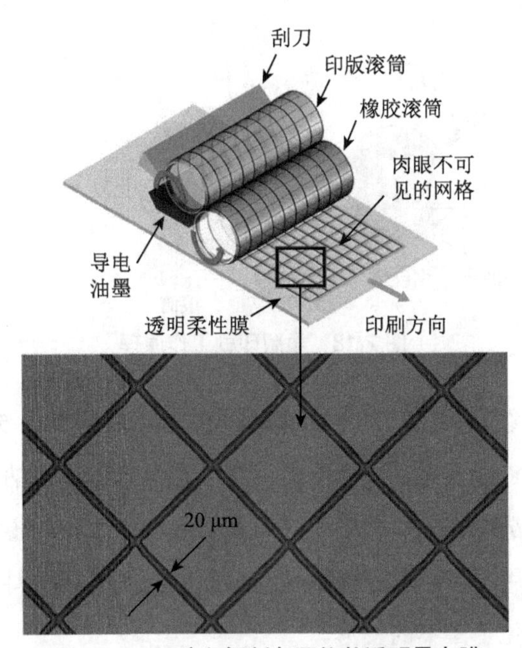


图 2-17　凹胶印银制备网格状透明导电膜

（三）凸版印刷

1. 凸版印刷过程

凸版印刷是指采用图文部分高于非图文部分的印版进行印刷，沾有油墨的凸起部分为图文区域，直接与承印材料接触并转移到承印物表面。根据印版的类型可分为普通凸版印刷和柔印印刷。普通凸版印刷使用硬质的印版，要求油墨黏度很高，达到 50000cP 以上，对于承印基底的压印压力也要大于其他印刷方式，其应用范围很窄，也不适合印刷电子产业中的使用。柔印采用高分子感光性树脂制作的 1 ～ 5mm 厚的柔性印版作为图文载体，在包装印刷中应用比较广泛，其结构包括网纹辊、印版滚筒、压印滚筒，具有印刷速度快、制版成本低、印刷压力小、图案不变形、墨层均匀等特点。工作原理如图 2-18 所示，油墨通过供墨系统并在刮刀作用下填充到网纹辊上的网穴中，印版上凸起部分与网纹辊接触蘸上油墨，然后沾有油墨的印版图文区域与承印材料接触，图文区域的油墨转印到承印材料表面上，从而实现图案的复制。其核心是网纹辊，其上有排列整齐的网穴，为印版提供均匀、定量的油墨，其通常为陶瓷材料，加网线数决定了供墨量。另外，由于使用的柔性印版具有弹性，弥补了传统刚性凸版印刷的不足，对于印刷电子领域，柔印印刷具有以下优势。

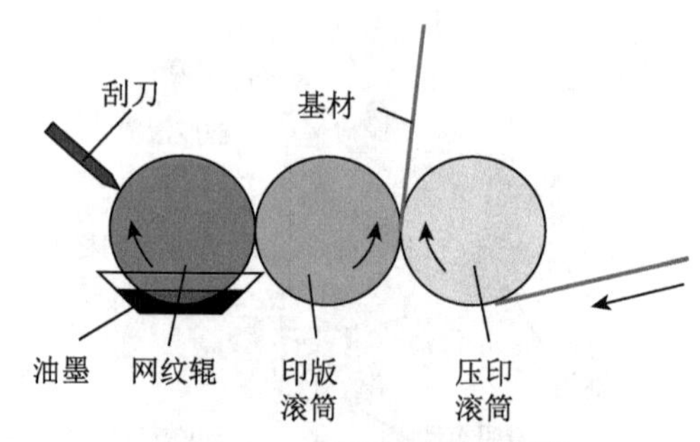


图 2-18　柔版印刷工作原理

（1）由于通过网纹辊上墨，印刷所采用的油墨黏度通常在 50 ～ 200cP 范围内，远低于刚性凸版的要求，使电子油墨的配制难度大大降低。但纳米材料对网纹辊的吸附作用强，需及时清洗网纹辊，否则长时间积累后会堵塞网纹辊的网穴。

（2）柔性印刷适用于各种柔性、刚性及表面粗糙的承印材料，并且印刷时对承印材料的压力较小，避免了图案的变形。

（3）柔性印刷所得的图案通常墨层较薄（6 ～ 8μm），且具有表面平整、边缘锐利的特点。

（4）柔性版制作难度小，成本低，生产周期短。

（5）柔印使用的油墨广，可采用水基油墨、溶剂型油墨、UV 固化油墨。

但柔印不足之处在于印迹的边缘部分有印纹出现，这是由印刷过程的压力使印版变形所致。印纹的出现使线路边缘印迹不规则，会影响到油墨附着的精度及线路的阻抗性，容易出现废品。

2. 柔印印刷在电子器件制造中的应用

柔印用于传统图文与导电图案制备具有明显差异。图文印刷墨层薄，而导电图案要求印刷的墨层较厚（1 ～ 5μm）；图文印刷套印误差、网点丢失可接受，而导电油墨印刷中线宽变化少许就会导致短路问题，并且要求不能有断点；图文印刷油墨溶剂含量高（大于 50%，墨层薄），但导电油墨固含量高、溶剂仅占 10%，从而具有较大的黏度。

柔印图案的分辨率受限于印版的硬度、印版上施加的压力。柔印可获得 40μm 的线宽，但很难控制印刷厚度并且采用极性油墨。

典型的柔版印刷电子器件方面的报道包括印刷场效应晶体管的源漏电极、栅极、显示设备，这些报道中柔印通常只用于沉积一层薄膜，需要与其他的印刷方式联合使用方可完成器件的制备，如在硅片上印刷氧化铟锌（IZO）薄膜作为活性半导体层。但柔印作为一种制版成本低廉的成熟印刷技术，仍吸引了不少关注。例如，德国PolyIC公司进行了大规模柔印场效应晶体管电路的研究；北京印刷学院李路海课题组采用IGT柔印印刷适性仪印刷水性纳米银导电油墨，制备了网格状的透明导电膜，并在柔印批量制备RFID标签天线方面进行了深入研究。

### （四）网版印刷

#### 1. 网版印刷过程

网版印刷采用镂空的网版作为印版来印刷，其中网版上有不可渗漏油墨的非图案区域和可渗漏油墨的图案区域。由于得到的墨层较厚也称厚膜印刷，工作原理如图2-19所示。在印刷时将印版置于承印物上方，随后用回墨刀在印版上涂覆薄层油墨，然后用刮板对堆积在印版上方的油墨进行移动挤压，使其透过印版的图像区域渗透漏到承印物表面，从而实现图像的复制。所采用的油墨一般黏度比较大，以确保油墨在无外力作用下不会自行渗漏到承印物上。网距是网版与承印物之间的距离，对于实现转移到承印物上的油墨与网版分离（离网）起关键作用。

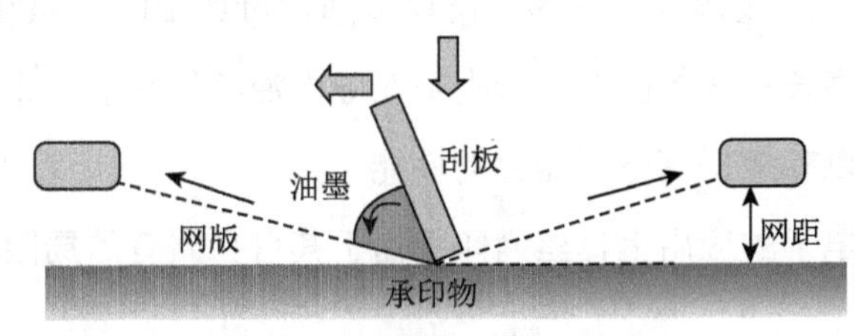


图 2-19　网版印刷工作原理

在转移过程中油墨的流变学行为会发生较大变化，如下所述。

（1）油墨漏网前：回墨刀平移运动，浆料受到较小且恒定的剪切力，浆料内部结构遭到适度破坏，黏度降低并发生屈服与流动，稳态时的黏度相对稳定。

（2）漏网中：浆料受到刮板向下的分压力和前进方向的分压力，漏网瞬间剪切力较大，剪切速率急剧增加，浆料的内部结构严重破坏，黏度迅速减小。

（3）刮板前移瞬间：丝网网版抬起，漏印的低黏度浆料受到网版的拉应力，内部结构进一步破坏，浆料被拉长并颈缩直至断裂。

（4）流平成膜：浆料在重力和表面张力的作用下流平，内部结构恢复，黏度提高，呈设计图形的湿膜。

丝网印刷过程中，影响印刷质量的因素有刮板与网版的角度、刮板压力、油墨黏度、固化温度和时间等，印刷工艺参数对印刷图案的质量稳定性很关键。其中影响最大的是刮板与网版的角度，因为油墨的透墨量主要由刮板的硬度和有效刮墨角度控制。透墨量决定了墨层的厚度，进而影响图案的导电性能。刮板角度太大则墨量减少，而刮板角度太小不利于印刷，刮板角度一般为 45° ～ 70° 。其次是刮板移动速度，速度越快透墨量越小，速度越慢透墨量越大，但速度太慢可能使图案出现边缘效应，如毛刺、锯齿等。刮板压力影响相对小一些，压力太小，透墨量减小，膜层薄；压力太大，会影响网版寿命甚至使网版破裂。丝网印刷的墨层厚度一般为 0.01 ～ 0.04mm。

与其他印刷方式相比，网版印刷的优点包括以下几个方面。

（1）可选设备起点比较低。网版印刷的设备和制版都比较简便，入门所需设备的费用较少，更适合中小企业使用。

（2）对油墨的适应性强。理论上，凡是可以从网孔中漏印下来的材料，无论是属于油性或水性的液体，还是粉末状的物质，均可以配制成适合网版印刷的油墨。

（3）对承印物的适应性强。网版印刷可适用于不同物质、不同表面的承印材料。

（4）墨层厚实。网版印刷所得的墨层厚度通常可达 10 ～ 100μm，远远厚于其他印刷方式，可制备高长径比的图案。特别是在导电油墨的性能不太理想的情况下，较厚的印刷功能层可以有效提高电子器件的性能。

同时，在印刷电子的应用上，丝网印刷由于其自身固有的局限性也面临着不同程度的挑战。

（1）和其他印刷方式比较，丝网印刷的印刷速度较慢（针对平板丝印），印刷分辨率较低。

（2）由于丝网印刷油墨所需的黏度较大，需要添加大量的填料和助剂作为辅助才能满足黏度要求，但这些杂质的引入会大大降低印刷器件的电学性能，这往往需要增加印刷图案的厚度进行适当调节。

2. 丝网材料

常见的丝网有尼龙、涤纶（聚酯），尼龙丝网伸长率大、耐热性低、油墨透过性好；而涤纶丝网尺寸稳定性较好，适合高精度印刷品，但油墨透过性比尼龙差。这两类丝网用于电子器件制造时，还无法满足较高分辨率、高耐印力的要求，需要采用镀镍涤纶丝网、不锈钢金属网、复合丝网等。

镀镍涤纶丝网是在涤纶丝网上镀一层 2 ～ 5μm 厚的镍，结合了涤纶和金属的优势，具有高张力、低伸长特点，可避免金属丝网因金属疲劳而造成的松弛、涤纶丝网与感光胶膜结合力低的问题。同时，编织结点经镀镍而固定，印刷时网孔不易变形，墨流通畅，印品墨层厚薄均匀。

不锈钢金属网平面尺寸稳定性极好，油墨通过性能极好，耐热性强（可在丝网上通电加热使热熔性料熔化）。即使在很大拉力下，延伸率也很小，因而适用于精密印刷。但由于其回弹性很小，在印刷过程中由于回网（离版）慢，印迹边缘容易蹭脏，造成图像边缘模糊。可以通过设定较大网距来解决精细印刷用高黏度浆料的离版困难问题。同时，印刷中容易受压而使网丝松弛或受外力冲击后形成凹陷、折痕和断裂，且一经变形后不易复原，所以如果使用不当，会越拉越长，影响套印精度。为了减少刮刀的磨损，延长刮刀的寿命，可通过压延处理，提高不锈钢网面的平整度，如图 2-20 所示。同时，可使网纱的厚度变薄，减少了油墨的透墨量，降低了墨层厚度，使印刷的墨层表面更平整。

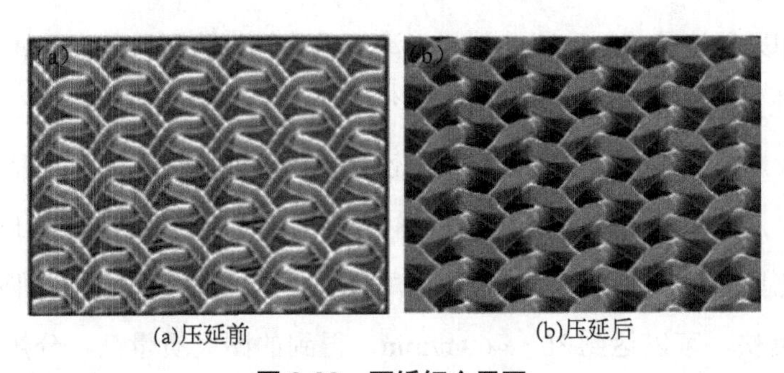

(a)压延前　　(b)压延后

**图 2-20　不锈钢金属网**

复合网版是将聚酯与不锈钢网两种材料以互相衔接的方式来绷网并制作网版，如图 2-21 所示。其具有聚酯网的延伸性和回弹性，也具有钢丝网的图案切线精度好、形变小、寿命长、字体线条清晰的优点，克服了不锈钢丝网回弹性差、受力过大易变形的问题。在相同晒版工艺和印刷条件下，复合网版具有套印精度高、图像清晰度高的特点，可印刷高精度的线条和图形。在电子元器件的生产应用中发现，相同的工艺条件下采用复合网版印制的内电极图案，产品合格率提高了 3%～ 6%，并且印刷质量也相应提高。复合网版制作需专用的张网机，先将聚酯网绷好待张力稳定后，再将钢丝网放在聚酯网上，钢丝网边缘用胶水黏合在聚酯网上，最后把钢丝网下面的聚酯网割掉得到复合网版。

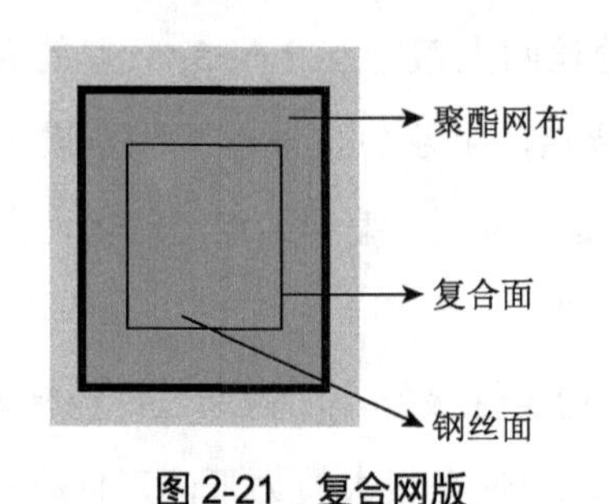


图 2-21　复合网版

3. 平板丝印与圆网丝印对比

根据网版的结构可将网版印刷分为平板丝印和圆网丝印两种，下面分别从印版材料、结构、分辨率、印刷速度等方面进行对比。

平板丝印的网版是平台式的，印版材料有尼龙、涤纶、不锈钢几种。通常情况下，印刷时回墨刀和刮墨刀在网版上方，两者与网版做相对运动。其印刷生产速度慢，设备便宜，印刷分辨率偏低（100μm 以上），但目前已经得到了明显的改观，通常适用于印制印数较小的活件。

圆网丝印采用滚筒状的印版，其版辊滚筒是镍箔穿孔网，是由金属镍箔钻孔而成的箔网，网孔呈六角形，也可用电解成形法制成圆孔形。这种丝网的整个网面平整匀薄，能极大地提高印迹的稳定性和精密性，常用于印制导电油墨、晶片及集成电路等高技术产品，效果较好。刮墨刀在印版内部，印刷时通过刮墨刀挤压使油墨从镍网上的细小网孔里面被挤压出来，转移到印刷基材上形成图案。相对于平板丝印，圆网丝印印刷速度快，可以达到 30 ～ 60m/min，得到的图案质量高，分辨率在 50μm 以下。德国悬策尔公司的圆网丝印机是行业高尖端丝印加工的首选，印制精度上可达到 0.1mm 分辨的线间距，定位精度可达 0.01mm，但设备昂贵。

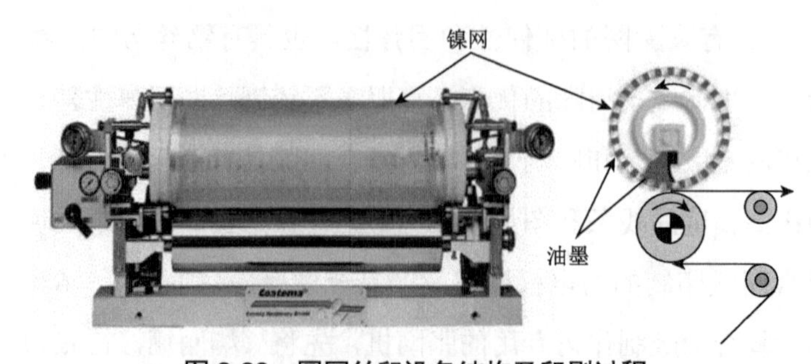


图 2-22　圆网丝印设备结构及印刷过程

4. 网版印刷在制造电子产品中的应用

网版印刷操作简便，成本低廉，在油墨调配、印刷工艺控制方面比较成熟，最早用于电子产品的制造，如传统线路板、薄膜开关、电子显示屏、触摸面板等。近年来，随着印刷电子研究领域的扩大，采用网版印刷方法制备其他功能器件的报道逐渐增加，如射频识别标签天线、太阳能电池电极。不过由于网版印刷要求的黏度比较高，通常用于印刷导体、电阻、绝缘材料这几种比较容易实现高黏度油墨的电子功能材料，特别是在印刷无机粉体材料所配的油墨方面有明显优势，但不适合印刷大部分的有机小分子和聚合物电子功能材料。这主要是由于所配制的有机小分子和聚合物普通溶液的黏度通常较低，在配制网版印刷所用油墨时需加入相对多的连接料才能满足工艺条件，这些连接料会降低薄膜的电学性能，或印后需要高温处理过程。例如，网版印刷所用的银浆大部分采用添加树脂的方法来增加黏度，因此电导率比未加树脂的金属银材料有明显的下降，需要利用网版印刷的图案厚度优势来弥补。而对于一些有机或聚合物半导体材料的溶液来说，增加过多的辅助材料会对其半导体性能造成严重影响，因此不适合网版印刷。

丝网印刷制备电子器件的导电油墨选用溶剂型的油墨更佳，同时要创造优良的油墨干燥条件（如减小烘箱内的风速，加热温度至 140℃，加热时间在 30s 到 120s），有利于印制线圈图形轮廓的精确成形。这就要求丝网印刷机必须能印出足够细的细线，并且相邻的两根细线之间的间隙越小越好，这样可以确保电子产品做得小巧。然而，在通常的网印机上，把间隙做得很小是非常困难的。丝印的分辨率依赖于网版材料、丝径、网目数。为达到高分辨率要求，可选择高目数和小丝径的不锈钢网版。目前丝网印刷太阳能电池片的丝网印刷细栅线电极线宽可达 110 ～ 120μm、高度为 12 ～ 15μm。正银细栅线占有部分无法吸收太阳能，其线宽越窄，遮光面积越小，相应增加了电池片有效接收太阳能的面积，有利于提高电池片的转换效率。电极线宽 60 ～ 80μm 时转化效率可增加 0.5%。但为了保持足够的导电性，可通过多次叠印方法增加线条高度，达到 30μm 高。用于太阳能电池的网版目前以 360/16 和 380/14（网目数 / 丝径）为主。同时，为了进一步提高太阳能电池片的转换效率，业内不断寻求更先进的制造工艺，如电动力学喷印、数字喷墨印刷、电镀以及光诱导电镀工艺等实现 20 ～ 40μm 的线宽。此外，为了确保图案的导电性能，印制时要求印制的厚度均匀一致，如果在印制图案时出现一些微小的裂缝或凹陷，都会影响到产品的导电性能。

导电图案印制过程中对环境的要求很高， 如果在印制过程中环境里存在粉尘的话，也将影响到导线之间的导电性能。

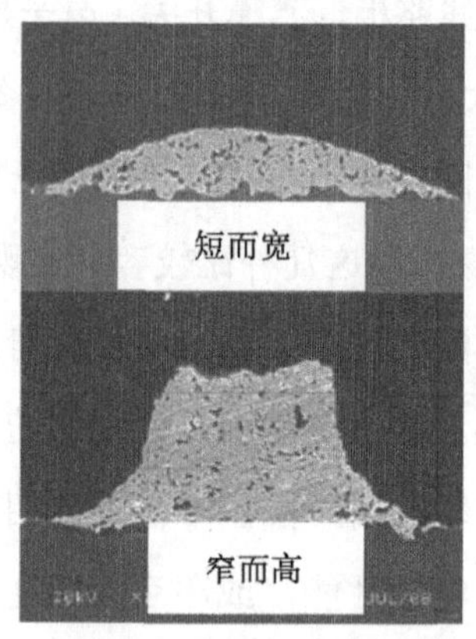


图 2-23　丝印印刷的不同宽度、高度的图案

在网版印刷导电浆料时，要求浆料具有良好的丝网印刷适性，如黏弹性、流平性，方可实现膜层的几何形状及厚度严格可控。同时，要求膜层的电阻尽可能小，这可通过控制树脂与功能相的种类、体积分数、颗粒形貌、尺寸、分布及界面等来调控。印刷过程中也会出现一些故障，如线宽变宽、边缘圆齿化、毛刺、局部膨胀等。

目前全球大型的导电油墨生产企业主要集中在美、日、德等少数发达国家，美国的杜邦公司是全球最大的导电油墨公司，技术为行业的先进水平，产品销售额曾占世界市场的 50%；日本的住友金属矿山公司生产各类导电油墨 160 余种，主要产品为厚膜电路浆料、片式元件浆料；德固赛曾是世界上最大的银粉生产商，其公司所属 Demetron 浆料厂除生产厚膜电路浆料、片式多层陶瓷电容器的电极浆料外，还生产太阳能电池浆料及汽车驱雾窗浆料等多种产品； 美国的福禄公司主要生产厚膜电路浆料，品种达 100 余种，所产浆料触变性好，印刷性能优良，市场占有率较高，同时在前几年收购了德固赛的银粉工厂。我国基本上能生产出各种性能常规性的银粉及银浆，但导电油墨产业在生产技术、产品品种和质量以及市场份额上，都远远落后于世界先进国家。

（五）喷墨打印

喷墨打印是在计算机的控制下使墨滴在基材上形成图案的过程，是一项非接触、全加法、无印版的数字化控制的材料直接图形化技术，并可实现可变数据印刷。喷墨技术省去了传统印刷方法所需要的制版设备、胶片以及版材等耗材，而且能在不同材质以及不同厚度的平面、曲面和球面等异形承印物上印刷，不受承印表面的限制。喷墨打印技术的这些优点，使其在低成本、大面积柔性电子制造中脱颖而出。早在1988年，就已经出现了直接喷墨打印金属有机化合物的报道，随着21世纪纳米技术的迅速发展，特别是纳米银颗粒墨水领域的研究工作快速发展，促进了喷墨印刷技术在印刷电子中的应用。

1. 喷墨打印的类型

喷墨技术的形式各异，按墨水喷射是否连续可分为连续喷墨和按需喷墨（又称为随机喷墨或脉冲喷墨）两大类。连续喷墨的基本原理如图2-24所示。在设备工作期间，墨水在墨滴发生器的作用下从喷嘴连续不断地喷射出去，被引导进入充电电极之间分裂成细小的墨滴，并同时带上相同符号的电荷；带电墨滴进入偏转电场，依靠其在偏转电场中偏转幅度的不同，或被墨滴收集器捕获进入循环回路最终被送回墨滴发生器供重复使用，或发生偏转避开墨滴发生器最终到达承印物表面，形成图文信息。连续式喷墨系统具有频率响应高，可实现高速打印等优点，但这种打印机的结构比较复杂，需要加压装置、充电电极和偏转电场，终端要有墨滴回收和循环装置，在墨水循环过程中，需要设置过滤器以过滤混入的杂质和气体等，因此难以批量生产。

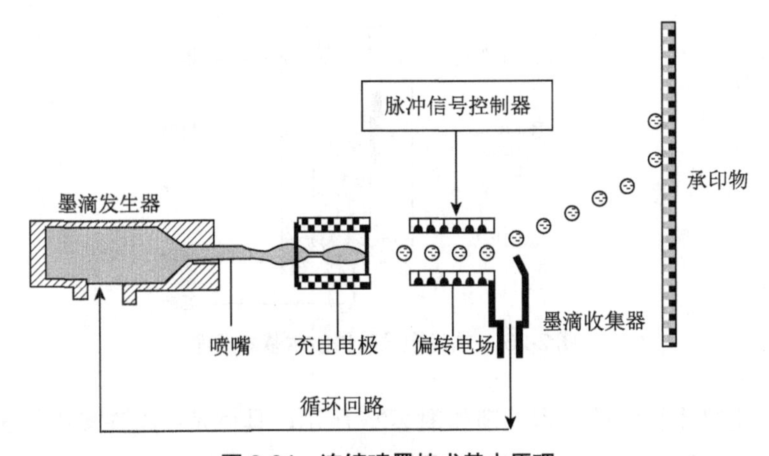


**图2-24　连续喷墨技术基本原理**

按需喷墨技术是仅在需要油墨的图文部分由喷嘴喷出墨滴，而在空白部分则没有墨滴喷出。这种喷射方式无须对墨滴进行带电处理，也就无须充电电极和偏转电场，喷头结构相对简单，容易实现喷头的多嘴化，输出图像质量更为精细，但通常喷墨打印速度较慢。根据墨滴产生的原理不同，按需喷墨又可分为压电型、热发泡型等。

（1）热发泡式喷墨技术的基本原理如图2-25所示，具体是：在加热脉冲（记录信号）的作用下，通过加热元件（热敏电阻）瞬间加热到260℃左右，使墨腔内与加热元件接触的油墨气化形成一个气泡，在非常短的加热时间内（＜10μs）气泡体积不断增加，膨胀到一定的程度时，所产生的压力将使喷嘴处的油墨挤压推出，从喷嘴喷射出去到承印物表面，形成图案。墨滴喷出后加热板冷却，墨室内的温度也迅速降低，墨腔依靠毛细作用将贮墨器重新注满。加热板的冷却和油墨的加注只需微秒时间内即可完成。热发泡式墨盒与喷嘴组成一体化结构，更换墨盒时即同时更新喷墨头，这样就不必再担心喷头堵塞，但却造成耗材浪费，成本相对较高。此外，由于热发泡式喷墨的工作温度都很高，一般大于300℃，往往会在加热电极上沉积不容物（这些沉积物有无机盐类，主要来自油墨中的无机杂质；也有有机化合物，主要来自油墨的热分解产物），从而使加热电极的汽化作用降低，会造成墨滴数量少、墨滴体积减小，严重时会造成打印头不能正常工作，影响使用寿命。Canon、HP及Lexmark是热发泡喷头的代表型企业。此外，喷射过程中的高温加热会使墨水容易发生变化，尤其是对于金属纳米粒子导电油墨，由于其纳米尺寸具有的低熔点特性会使纳米粒子熔融连接尺寸变大，对油墨产生副作用，使其无法用于热发泡打印机。

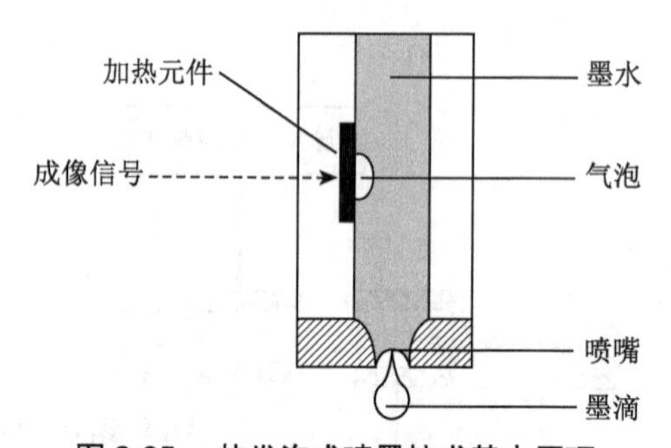


图2-25　热发泡式喷墨技术基本原理

（2）压电喷墨技术的基本原理如图2-26所示，具体是：将许多小的压电陶瓷放置到打印头喷嘴附近，压电晶体在电场的作用下会发生变形，当变形到一定的程度时，借助于变形所产生的能量将墨水从墨腔挤出，从喷嘴中喷出。图文数据信号控制压电晶体的变形量，进而控制喷墨量的多少。用压电式喷墨技术制作的喷墨头成本较高，一般都将打印喷头和墨盒分离以降低用户使用成本，更换墨水时不必更换打印头。压电喷墨技术缺点是一旦喷头堵塞，无论疏通或更换费用都较高，且不易操作。其中Epson是压电式喷头的代表型企业。

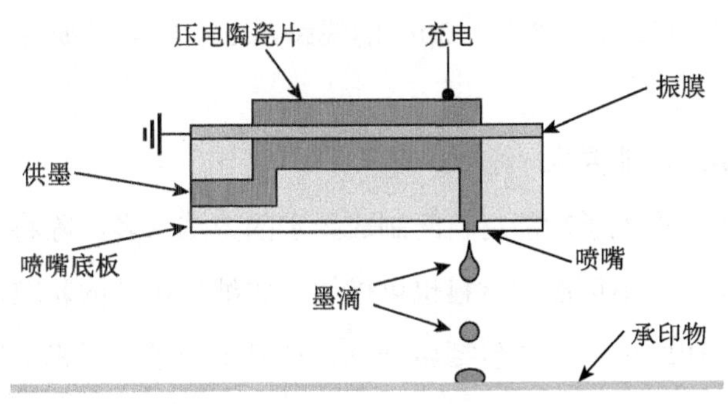


图 2-26　压电喷墨技术基本原理

压电式喷头与热发泡式喷头相比，优点如下。

① 墨滴可控性。使用压电式喷头可以更好地控制墨点的形状、大小及喷射方向的一致性，从而实现打印层厚度均一。压电式喷射的墨滴比热喷墨的更小，图形的分辨率更高。

② 兼容更多墨水。使用压电式喷头可以更有弹性地选用不同配方的油墨。由于热发泡喷墨方式需要对墨水加热，因此油墨的化学成分必须与墨匣准确地配合，而由于压电喷墨方式无须对油墨加热，对油墨的选择便可较为全面。

③ 可配高固体成分的油墨。压电式喷头可以选用固体成分更高的油墨，而热发泡喷头为保持喷嘴的畅通及配合热能的作用，使用的墨水含水量需要在 70% ～ 90%，这就需要留有足够的时间让墨水在介质上干透而不向外扩散。这一要求令热发泡式喷墨打印机无法进一步提高打印速度，导致目前市场上的热发泡式打印机速度都比压电式的要慢。

④ 提高生产效益。使用压电式喷墨技术可省却更换墨头、墨匣的麻烦及减低成本。由于在压电喷墨技术上，墨水不会被加热，加上压电晶体所产生的推力，压电式喷头从理论上说是可永久性使用的。

因此，压电式喷墨系统在电子器件制造中更受重视，特别是纳米粒子导电油墨更适合压电喷墨系统，目前印刷电子所采用的喷墨印刷方法为压电喷墨技术，本节后面内容涉及喷墨打印的均为压电式。喷头制造技术被一些国外公司垄断，如富士、赛尔、柯尼卡等。近年来，喷头制造方面已经取得很大的突破和进展，如日本产业技术综合研究所开发的能够喷射小到 1 ～ 2pL 的墨滴的超级喷墨，印刷技术为用于生产精细到 10 ～ 20μm 的线宽、间距的印刷线路板产品提供了条件；又开发出更高级的超级喷墨印刷技术，其喷射出的墨滴可以小到飞升，以及喷射出的墨滴的尺寸可以小到 1μm 以下，从而可形成线宽小于 3μm 的线路，这些实验室研究成果吸引了印刷线路板电路制造商。

2. 喷墨打印墨水性能要求

印刷电子领域，将电子功能材料配制成墨水的方法众多，除将可溶性物质直接配制成溶液进行打印外，不可溶的材料也可以加工成纳米尺寸的颗粒再配成墨水进行打印。目前可打印的印刷电子材料包括聚合物、有机小分子、无机单体、无机化合物及多成分掺杂材料，实际中最成熟的是金属纳米材料。压电喷墨打印中墨水的性能参数包括表面张力、黏度、电导率、颗粒粒径、pH 等，其中黏度、表面张力与墨滴在喷嘴处的喷射效果有直接关系，墨水如具有合适的黏度和表面张力，墨滴成直线快速运动状态，如图 2-27（a）所示。如黏度太低，喷射出的墨滴会摆动而偏离目标位置较大，如图 2-27（b）所示。表面张力过大的话墨滴会聚在喷嘴上而无法到达承印基材，如图 2-27（c）所示。具体来讲，一般表面张力为 30 ～ 50mN/m，黏度小于 20cP，电导率为 $10^3$ ～ $10^4$μS/cm，颗粒粒径小于喷嘴直径的 1/10，pH 为 5.0 ～ 10.0。针对于纳米金属颗粒墨水，要求会更高，如粒径小且粒子含量不能太高，一般在 30% 以下，因为粒子含量多会导致墨水黏度升高；墨水与基材润湿性的匹配要好；打印后墨层的导电性好；烧结温度低，基底能承受。

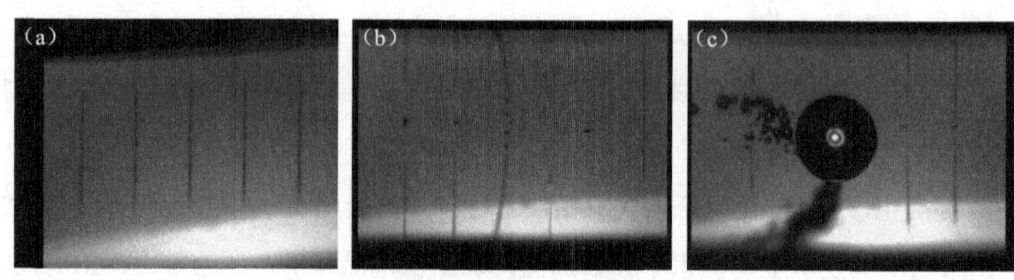


图 2-27　墨滴在喷嘴喷出后的不同状态

通常喷墨墨水中溶剂含量较多，这就要求墨水中溶剂快速挥发或墨水能快速被基底吸收。采用易挥发溶剂或基底加热的方法对于溶剂快速挥发非常有效，但喷嘴与空气界面处溶剂挥发快会导致喷嘴堵塞。为避免上述问题，可采用具有多孔性的纸张或在基底上施加高质量的涂层的方法提高基底的吸墨能力。

3. 喷墨打印过程

喷墨打印过程涉及墨滴的形成、墨滴在基板上碰撞和铺展、墨滴干燥成膜三个阶段，即墨水在外加脉冲电压作用下喷射出来形成墨滴，形成的墨滴飞向基板与基板发生碰撞并在基板上铺展达到动态平衡，达到动态平衡的墨滴随着溶剂的挥发干燥成膜。

（1）墨滴的形成

压电喷墨打印技术是依靠喷嘴上压电陶瓷的变形来产生压力变化进而形成墨滴，而驱动压电晶体变形的是施加在其上的脉冲电压信号。典型的脉冲电压波形分为四个过程：①零电压位置，吸入喷墨材料；②压电陶瓷开始变形，挤压喷墨材料；③压电陶瓷达到最高变形，使墨水材料喷出；④电压降低，缓冲作用减少吸入空气。电压大小、变形的快慢、变形持续时间等决定了脉冲波形的形状。脉冲电压信号波形会决定单位时间内产生的墨滴总数量即打印频率。

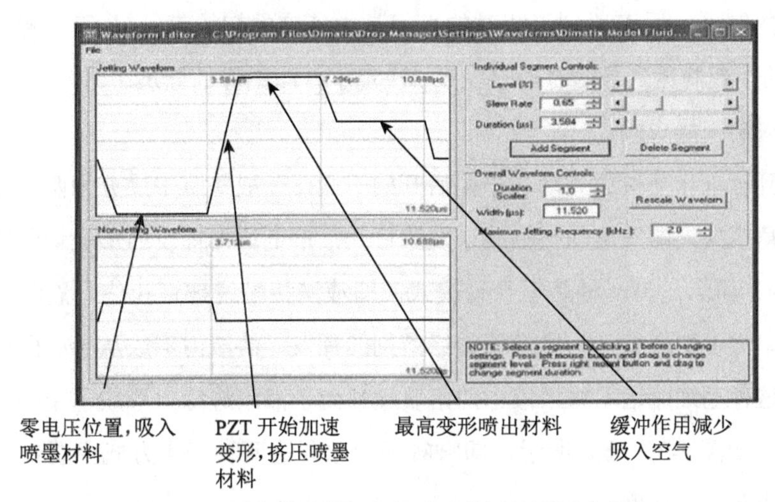


**图 2-28　压电式喷墨打印机脉冲信号波形四个部分**

墨滴从喷嘴被挤出而脱离喷嘴时，由于自身的黏度和表面张力的作用，墨滴会有拖尾产生，并且该拖尾会逐渐变小而收缩，最终形成一个球形的墨滴，如图 2-29 所示。但时间很快，在几十毫秒内甚至更短。根据该球形的直径可计算出墨滴的体积。

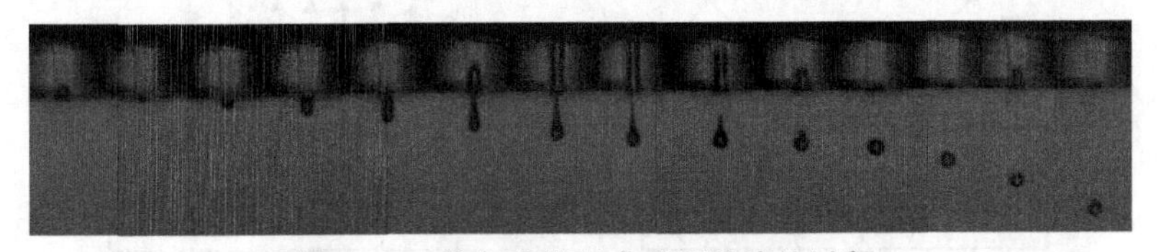

**图 2-29　单个喷嘴形成球形墨滴的过程**

喷嘴直径决定了喷出的墨滴的体积，影响图案的最大分辨率。小喷嘴可获得高分辨率图案，如 20μm 的喷嘴可获得 10pL 墨滴。但喷嘴越小，打印难度越大。

压电陶瓷上施加的电压大小与压电晶体弯曲程度有关，施加电压越大，变形越大，喷出墨滴的速度越大。持续施加电压时间，表示压电陶瓷保持弯曲多久，决定墨滴的大小。通常电压大小为几十毫伏，时间为几十微秒，具体根据墨水的物理性质，如表面张力、黏度来调整。高黏度、高表面张力的墨水需要施加高的电压使墨水从喷嘴喷出，并且高黏度墨水需要持续长时间施加。

（2）墨滴在基板上碰撞和铺展

形成的球形的墨滴飞向基板发生的碰撞、铺展行为是由墨滴的惯性力、毛细流力控制的。在碰撞初始阶段是由液滴的动力特性决定的，接着进入惯性力、毛细力主导的铺展、反弹和震荡。墨滴速度、表面张力、毛细流力及墨滴与基底的接触角等都会影响墨滴的铺展。墨滴达到平衡时的直径是由液滴的初始直径 $d_0$ 和平衡时的接触角 $\theta_{eqm}$ 决定的，液滴达到平衡时的直径 $d_{con}$ 决定了打印图像的分辨率。

（3）墨滴干燥成膜

墨滴到达承印基材达到动态平衡后开始干燥，一般墨滴干燥分为两种模式，一种为恒接触角模式，即液滴的接触线未发生钉扎，溶剂均匀挥发而形成均匀的薄膜，如图 2-30（a）所示。另一种是恒直径模式，即液滴接触线被钉扎住，液滴边缘处的溶剂挥发速率大于中心处，为了补偿边缘溶剂的挥发，溶液内形成从中心向边缘的毛细流运动，这种毛细流运动将溶液中的溶质迁移到了液滴边缘，形成了中间薄边缘厚的环状形貌，如图 2-30（b）所示，即咖啡环现象。这两种干燥方式主要依赖于墨滴中溶剂的组成及挥发速度。

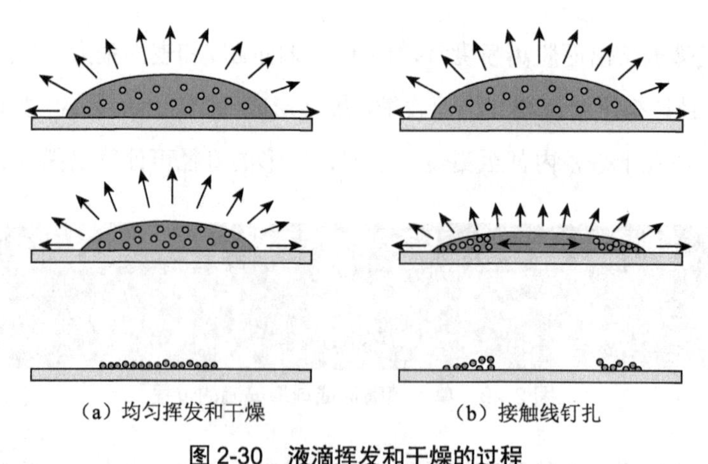

（a）均匀挥发和干燥　　（b）接触线钉扎

**图 2-30　液滴挥发和干燥的过程**

同时，墨滴的间距会影响打印图案的质量。如果间距较大，相邻墨滴相互合并后线条会出现锯齿，甚至墨滴之间无法合并；如果相邻的两个墨滴间距合适，墨滴之间会相互合并并形成边缘光滑的线条；间距减小，墨滴之间合并严重线条变宽。因此，墨滴间距对于能否获得忠实还原尺寸的、边缘光滑的线条很关键。

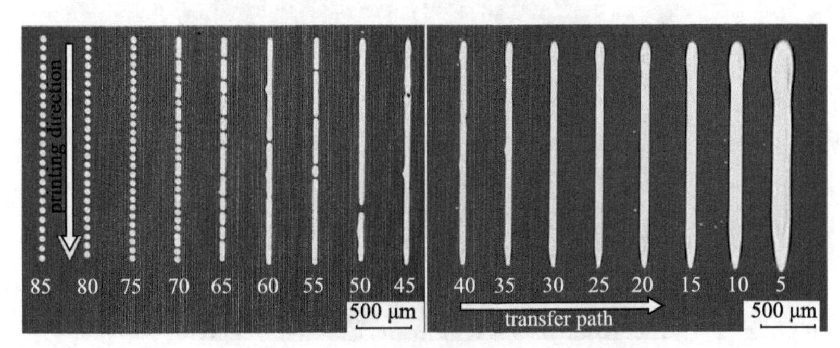


图 2-31 不同墨滴间距对线条形貌的影响

4. 喷墨打印在电子器件制造中的应用

喷印电路技术采用含有纳米金属颗粒或其他导电填料的导电油墨，将计算机存储的电路图样信息输入喷墨印刷机，在计算机的控制下，由喷嘴向承印基底表面喷射导电油墨，墨滴在基底表面直接形成电路图案，得到初级电路样品。由于金属纳米粒子的纳米尺寸效应，初级电路经过低温烧结等处理可以将金属纳米粒子融化粘连成导线。喷印电路工艺技术简化了传统刻蚀电路技术的制造步骤，可以替代传统的电路制造方法，特别适合于柔性电路板的制造。

在金属类墨水打印到基材上成膜后，需要通过加热处理将金属化合物加热分解生成金属单质，或者将金属纳米颗粒烧结成大片金属。Wu、Kim、Jeong 等人用喷墨打印银纳米粒子油墨的方法制造有机薄膜晶体管的源极和漏极，其性能比溅射法优异，原因可能是打印的电极表面存在少量的稳定剂聚乙烯吡咯烷酮分子，其所携带的氧原子可以在界面上诱发形成界面偶极，使有机晶体管的工作电压发生了变化，从而对性能产生了影响。韩国三星机电 Shim 等人利用自己合成的有机酸包覆纳米银导电墨水，在相纸、聚酰亚胺和硅片上用喷墨打印的方法制备了各种导电的图形（见图 2-32）。通过在 250℃烧结 30min，喷印的电路导电率达到了 6μΩ • cm，可以满足射频识别标签天线对于电导率的要求。Moon 等人利用密堆积理论，将 20nm 的银纳米粒子与 65 nm 的铜纳米粒子按一定的比例混合制备了一种新型复合纳米导电油墨，小粒子可以填充到大粒子形成的空隙中间，提高了粒子的堆积密度，从而改善线路的导电性。打印的电路经200℃烧结后，其导电率为23.6μΩ·cm，其可以用于制备射频识别标签天线。

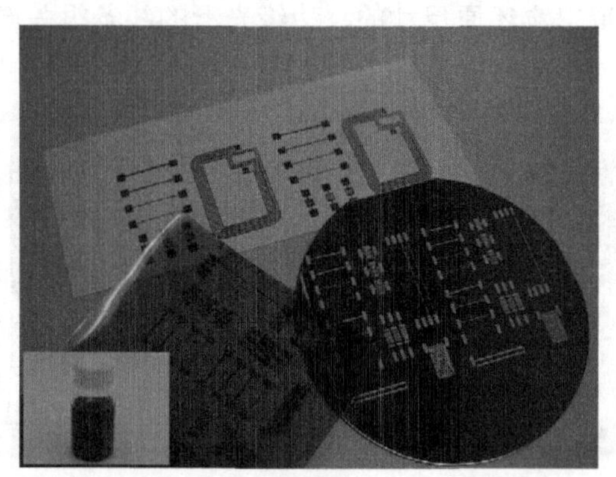

图2-32　在不同基材上喷墨打印制备的导电图案

喷墨打印电路技术除用于射频识别标签天线、有机晶体管外，还可以用于打印各种电阻器、电容器、导电图案和连接电路等。Bidoki等人用喷墨打印的方法在PET和纸质基底上制备了电阻器、电容器和感应器等，这些器件的导电性可以通过改变打印顺序和纳米粒子的浓度加以调节，操作非常方便。研究结果表明，在纸质基底上打印的电容器的电容可以达到1.5nF（45mm$^2$×45mm$^2$），感应线圈的感应系数为400μH（直径为10cm的平面线圈），与传统的蚀刻法制备的电子器件相比，展示了良好的性能。

近年来，喷墨打印逐渐被应用在OLED显示面板方面，主要打印空穴注入层、空穴传输层、发光层（RGB三色），但需要将基底做成像素池结构来限定打印的墨水，实现相邻像素内的溶液不相互干扰。该应用的主要技术难点是安装器件结构所需要的薄膜厚度，把对应需求的溶液打印到像素池内，通过干燥工艺达到预定的薄膜厚度。

喷墨打印在印刷电子应用中也面临一些挑战，如卫星点、墨滴铺展严重、喷头堵塞、油墨与喷头的匹配性等。

对于大多数银纳米粒子导电墨水，大于50μm的喷嘴可保持稳定的喷射，而小尺寸的喷嘴产生的卫星点较严重。卫星点是指在主图案周围会有小的点存在，这对于电子器件的电路非常不利，可能会带来短路故障。而卫星点的产生无法避免，只可减小。

喷墨打印能获得的最小尺寸（分辨率）一般由墨滴大小、液滴撞击到基底上后的铺展程度决定，墨滴的大小决定于喷嘴的尺寸、脉冲电压波形，而铺展程度依赖于墨滴在基底上的润湿性、基底的温度。提高基底的疏水性、基材加热有利于提高喷墨线条的分辨率。Song 等通过控制基底的润湿性，利用咖啡环效应，制备了 5μm 宽度的线条图案。另外，也可在基底上采用光刻制备物理、化学结构来减小或限制墨滴在基底上的铺展。

喷头尺寸太小或颗粒太大会造成堵头，造成线路断路的风险。油墨与喷头的匹配只能通过不断调整墨水的试验来优化。同时，由于喷墨打印机采用逐滴喷射的原理，印刷大面积图案的速度较慢，印刷墨层厚度较薄，只能通过增加喷嘴数目、打印次数来弥补，直接增加了喷头制造难度和成本，这限制了喷墨技术的广泛应用。

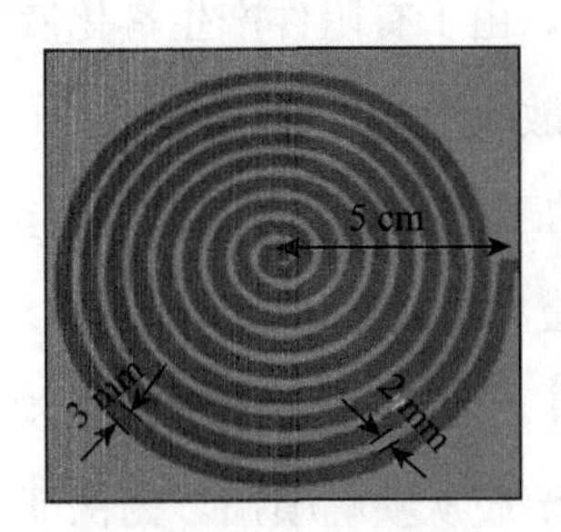

图 2-33　喷墨打印技术制造感应器和电容器

以上各种印刷技术中，凹印、网印、柔印对油墨的颗粒度要求不高；喷墨印刷对油墨颗粒要求高，粒径通常为百纳米以下。印刷过程关键在于油墨的配制及油墨的良好转移，所配制的油墨不仅要有合适的黏度、表面张力、黏性以有利于油墨转移，而且要和基底有较好的附着性。另外，虽然卷到卷印刷可满足大规模高速制备的需要，并在射频识别标签制备中被初步应用，但卷到卷印刷技术仍不成熟，如何调整放卷速度与位置准确度的匹配、如何定义缺陷标准的检测方法还需要深入研究。因此，目前印刷电子技术主要还是单张进料的方式，同时研究人员也在设计开发 stop-and-go 的卷筒纸控制进料机制。

## 二、新型印刷技术及其在电子器件制造中的应用

目前传统印刷技术用于电子器件制备时，图案的分辨率一般在 50 ～ 100μm，还远远不能与集成电路加工技术相比。例如，柔印的图案分辨率通常在 50μm 以上，仅限于制备要求较低的电子产品，而新型电子器件如薄膜晶体管、太阳能电池、有机发

光二极管等要求将分辨率提高到 20μm 以下。因此，开发新型的印刷技术，作为传统印刷技术的补充非常重要。

（一）气流喷印

鉴于喷墨打印在精细图案制备方面还有一定挑战，气流喷印（Aerosol Jet Printing）作为喷墨打印的一种补充而受到重视。喷墨打印是由沉积到基底上的不同的墨滴点合并形成连续线，气流喷印是通过超声得到精细的墨水气溶胶，并通过载流气体连续喷射到基底上。

1. 工作原理

气流喷印设备生产商只有美国的 Optomec 公司，工作原理如图 2-34 所示。气流喷印涉及对油墨进行雾化、喷印两个过程。由于有附件产生雾化液滴，因此该设备很贵。首先对油墨进行雾化操作，使油墨分散成液相颗粒，并与工作气体（$N_2$）形成气溶胶，因此也称为气溶胶喷印。设备雾化的工作方式可分为超声起雾和气动起雾两类。在气流喷印工作过程中，油墨先是在存储墨盒中被雾化成直径 1 ～ 5μm 的液相小颗粒，然后通过工作气流（carrier gas，一般用 $N_2$，也叫雾化气流）将这些气溶胶成分输送到喷头处。其次是通过气体带动作用将气溶胶从喷嘴喷出。为保证所喷射的气溶胶态油墨最终汇聚成稳定的细线，设备的喷头部分设计成夹层结构，在射出喷嘴的气溶胶细束外围另有一圈环绕的剪切气流（sheath flow，也叫同轴气流），以保证气溶胶的主要落点控制在小于喷嘴直径 1/10 的范围内，使喷射的气溶胶态油墨最终汇聚成稳定的细线。另外，由于喷出的油墨在距离喷嘴 2 ～ 5mm 处的粗细保持均匀，气流喷印可在一定范围内高低落差的承印表面上打印而保持线条粗细不变。在整个气溶胶打印过程中，喷头固定不动，油墨从喷嘴中连续喷出，载有承印物的托盘在计算机的控制下按照预先设计的轨迹移动，形成精确的油墨线条，最终组成图案。

由上述工作原理可以看出，气流喷印属于连续喷墨式，所喷出的墨滴实质上是含有大量微型油墨液滴的连续气流，无法像喷墨打印实现按需供墨，但速度比普通喷墨打印快。因此，气流喷墨打印所打印的并不是由大量墨点组成的点阵式图案，而是通过一系列连续或断开的线条来组成所需的图案。也就是说，喷墨打印是基于栅格化的点阵，而气溶胶打印是基于矢量的线条。

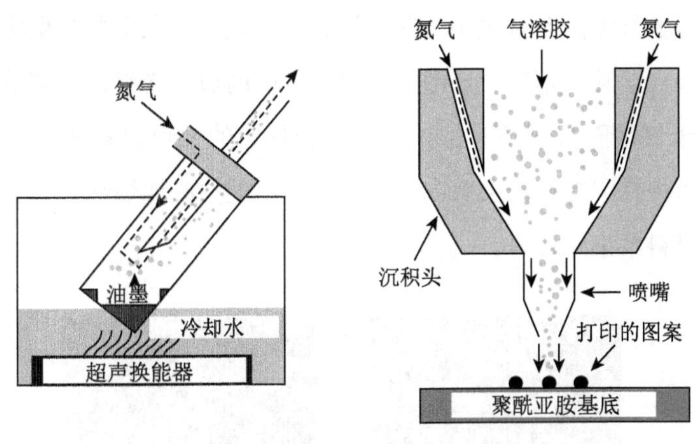


**图 2-34 气流喷印的工作原理**

2. 材料要求

气流喷印是相对新的加法制造技术，相对于喷墨打印而言，最大优势在于油墨的选择范围大大拓展。一方面，油墨黏度范围较大（0.7 ～ 1000cP），最高可达 1000cP，油墨只要成功雾化均可打印，而普通喷墨墨水黏度在 10 ～ 40cP；另一方面，可打印含有较大固体颗粒的液态分散体系，颗粒直径 3μm 以下的液相分散体系均可用气流喷印来打印，而普通喷墨墨水要求在几百纳米以下。另一优势是图案的分辨率高，如线条最细可达到 5μm 以下，高于普通喷墨打印的分辨率，这对于开发微器件很关键。一方面是由于环绕气流可保证气溶胶的主要落点控制在小于喷嘴直径 1/10 的范围内；另一方面是由于气溶胶中的液滴颗粒直径小，干燥速度远高于普通喷墨打印墨滴，到达承印材料后油墨流动性显著降低，避免了油墨的铺展，有利于高分辨率。同时，由于环绕气流的作用，设备的喷嘴直径可以在保证打印分辨率的前提下适当放大到 200 ～ 300μm，远高于喷墨打印机喷嘴直径，避免了喷嘴堵塞的可能性。由于喷出的油墨在距离喷嘴 2 ～ 5mm 处的粗细保持均匀，其可在一定范围内高低落差的承印表面上打印而保持线条粗细不变。

3. 气流喷印与喷墨打印效果对比

Baumann 等采用相同的墨水、基底和可类比的处理条件对比，分析了喷墨打印和气溶胶打印的点状图案。虽然气流打印和喷墨打印两种方式采用不同直径的喷嘴，但可得到相同大小的点和类似的形貌。图 2-35 表明两种方法沉积得到点的尺寸接近，而喷嘴尺寸相差大，喷墨打印采用的是 21.5μm 喷嘴，而气溶胶打印采用的是 200μm 喷嘴；气溶胶打印的大点的周围会有散点，这主要是由于其工作原理不同造成的，在一束传输气体内会有很小的雾化墨滴点，也就是在主要的聚集气流束外围会有少量雾化油墨点，其到基底上成散点。喷墨打印的边缘光滑，没有散点，点直径是61.5μm，稍大于气溶胶打印的。但如果气溶胶打印的散点也算在内的话，喷墨打印的尺寸更小。两种打印方式均会有咖啡环效应，出现中心比边缘材料少，这是由于马兰格尼流动使材料聚集到边缘。

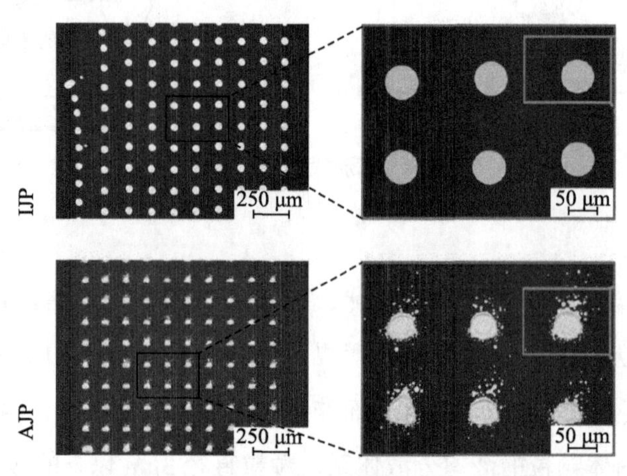


图 2-35　喷墨打印（IJP）和气溶胶打印（AJP）的图案形貌对比

对于大面积区域来讲，喷墨打印的方块区域层厚一些、表面光滑、边缘锐度好，而气流喷印的方块区厚度薄、边缘锐度差、粗糙，粗糙度依赖于填充算法。因此，气流喷印更适合沉积薄层、细线，打印的线条形貌依赖于起阻挡作用的环绕气流、雾化气体流速、处理速度，这三个参数恒定的话，每个单位长度的材料沉积量与喷墨打印的接近。喷墨打印单位面积沉积量由墨滴间距和墨滴体积决定，线条形貌受不同点打印间隔时间影响。

4. 气流喷印在电子器件制造中的应用

气流喷印作为一项高分辨率的沉积技术，所侧重的领域是高分辨率电路和新型材料打印，可用于打印沉积金属墨水、碳纳米管、石墨烯、纳米线 / 棒、高黏度介电杂化材聚合物等，用于太阳能电池、晶体管、生物传感器、多层陶瓷电容器等。Shih 等采用气溶胶打印技术制备了基于碳管的场效应晶体管器件；Frisbie 开发了水性的碳管墨用于气流喷印制备薄膜晶体管、环形振荡器。

由于气流喷印喷出的油墨在距离喷嘴 2 ～ 5mm 处的粗细保持均匀，其可在一定范围内高低落差的承印表面上打印而保持线条粗细不变。Panat 等采用气流喷墨打印方法制备微米尺寸的三维的金属—介电结构，实现金属与介电层连接，如图2-36所示。首先气流喷印紫外固化的介电层并及时固化成1mm的三维形状，然后在三维介电结构上方通过将喷头倾斜气流喷射银纳米粒子墨。该方法可实现任意形状的3D微结构，可用于三维毫米波天线和无源器件。

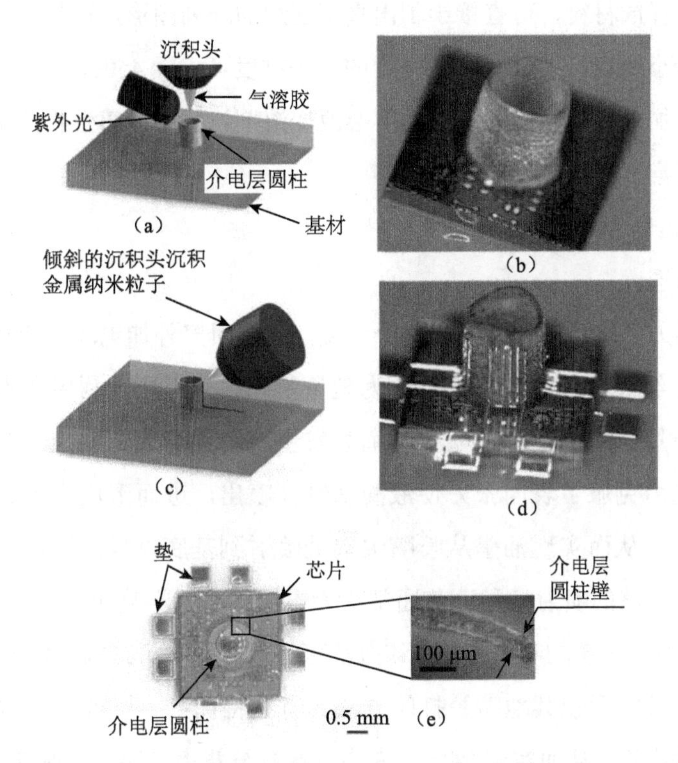


（a）气流喷印介电层柱子　（b）瞬间固化的柱子　（c）倾斜喷头在柱子侧面喷印金属粒子
（d）在柱子壁上的金属线条　（e）俯视图

**图2-36　气流喷墨打印制备三维的金属—介电结构**

虽然气溶胶打印独特的工作原理可获得高精度的图案，但其也存在一些不足，具体如下。

（1）其要求气流参数稳定才能保证打印效果良好。通过调节气流来改变打印参数有一定滞后效应。无法按需供墨。

（2）单喷嘴的气流喷印设备在打印大面积图案时速度很慢，需要集成大量喷嘴弥补速度的不足。

（3）卫星点数量比普通喷墨打印的更多。（喷射的雾化液滴群很难保证完全聚拢到一起，最终散落在图案主体外。）

（4）喷射的雾化液滴体积只有 10 飞升级别，比表面积大，溶剂挥发速度比普通喷墨的快。如果油墨易挥发，则打印到承印物上的油墨或固体粉末，严重影响成膜效果和附着力。因此，配制油墨需考虑挥发性问题。

最近出现了 sonoplot 精密的微纳米打印技术，其采用可控的低频超声谐振释放技术实现高精量释放材料，可直接绘制出真正连续的阵列图形，这与气溶胶喷墨技术类似。该技术最小线宽可小于 5μm，使用的油墨黏度可大于 450cP，但设备相对贵。打印过程中没有加热和剪切应力，因而不会改变溶剂特性如敏感生物分子活性，在某些特殊领域更有意义。

### （二）电流体动力学喷印

#### 1. 工作原理

电流体动力学属于流体力学的一个分支，主要研究外加电场对流体介质的作用，电雾化和电纺丝等技术的兴起均以此为理论基础。其原理是利用在喷嘴和基底之间施加的外加电场作用来诱导油墨在喷嘴处发生变形并形成泰勒锥。在足够高的电场下，由于静电力克服了表面张力使液滴从锥体喷出，进而形成直径远小于喷嘴内径的微纳米射流，从而实现油墨从喷嘴尖端处喷射到基底，最终沉积固化形成图案或结构。基于该方法的喷射打印工艺通常称为电流体动力学喷印（Electrohydrodynamic Printing）。相对于传统的喷墨方法，该方法可有效简化喷头结构，并在最小打印尺寸、油墨适用范围等方面较其他喷墨打印方法具有独特优势。如可采用 300nm 或更小直径的喷嘴喷射油墨，从而实现 240nm 左右的超高分辨率打印，如图 2-37 所示。

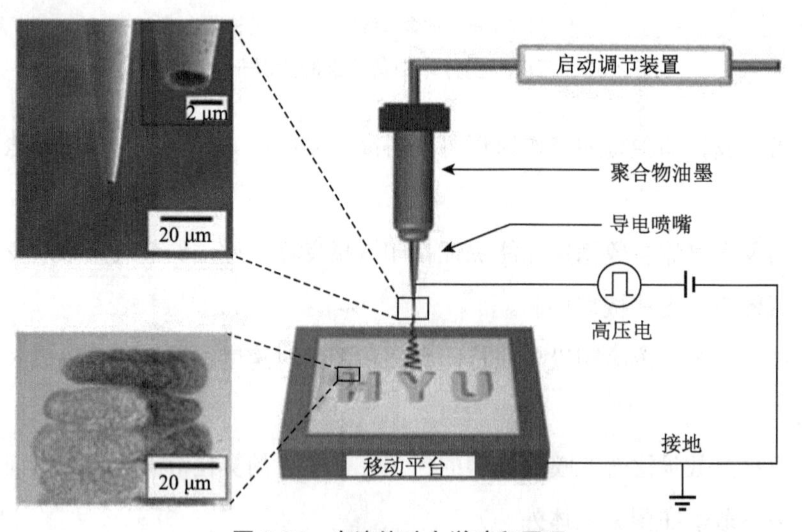


图 2-37 电流体动力学喷印原理

基于电动力学喷射技术可得到亚飞升的墨滴，需要施加脉冲电压实现按需电动力学喷射，这就要求控制高压、低压、连续两个脉冲之间的时间 $T_d$、脉冲宽度 $T_p$，其中脉冲频率对墨滴的形成影响很大，频率越大墨滴体积越小，但这会导致墨滴对基底撞击速率增大，导致图案质量下降。

2. 电流体动力学喷印与喷墨打印效果对比

电流体动力学喷印与普通喷墨打印有较大区别，具体如下。

（1）电流体动力学喷头结构简单，只需毛细玻璃管或注射器针头即可，且避免了喷嘴的堵塞。

（2）油墨的适用范围广，黏度可高达 15000cP，而普通喷墨打印通常要求墨水黏度小于 20cP。

（3）分辨率高且液滴尺寸不受限于喷嘴直径，图案的线宽最小可达到 100nm 以下，而普通喷墨的最小线宽要大于 20μm 以上；用 10μm 的喷嘴可得到 1μm 的线宽。

（4）采用电流体动力学喷印出的液体是被电场力从喷嘴内拉出，而普通喷墨打印的液体是被外界力从喷嘴推出。

（5）电流体动力学喷印图案的厚度（截面积）由喷嘴和基底之间的距离控制，宽度由平台的移动速度控制（移动快喷出的线条易被拉伸变细）；而普通喷墨打印图案的厚度由喷印次数决定，宽度由喷嘴直径决定。

3. 电流体动力学喷印的应用

在电子器件制造领域方面，主要是利用电流体动力学打印高分辨率的优势来制作导电部件。针对不同模式进行相应的工艺参数调整，可实现电点喷、电纺丝、电喷雾三种喷印方式，可用于制备柔性印刷电子的电极、器件互联层、薄膜层。电点喷工艺一般采用低脉冲电压、较小的喷距（喷嘴端部距离基板表面＜ 1mm），适用低黏度的墨水（＜ 100cP，如金属纳米粒子类墨水），目前已实现了 50nm 直径的液滴。电纺丝和电喷雾均采用直流电压，产生连续的射流，喷距一般在 5mm 以上。电纺丝适用于较高黏度的墨水（＞ 100cP，如聚合物类墨水）和较高的打印速度，线宽分辨率最低至 50nm。电喷雾一般适用低黏度小分子墨水（＜ 100cP，如醇溶剂类墨水），电喷雾薄膜厚度可至纳米级。电点喷和电纺丝分别用于制备电子器件图案化所需的点和线结构。电点喷较传统的喷墨打印分辨率高，可用于制备高密度像素点、亚微米级直径的量子点发光器件、小沟道有机薄膜晶体管、高灵敏度压电传感器等。可控且精确定位的电纺丝可应用于制备软光刻掩膜版、压电传感器、表皮电子等。电喷雾可用于电子功能器件的层结构大面积高效制备，如超级电容薄膜器件、有机光伏器件功能层、有机封装层。目前电动力学打印设备通常还是由实验室自行安装，距离大规模推广尚有一段距离。

（三）微接触印刷技术

1993 年美国哈佛大学 George M. Whitesides 结合自上而下的光刻技术与自下而上的自组装技术开发了软刻蚀（soft-lithography）技术，其是采用聚二甲基硅氧烷（PDMS）弹性印章来加工或转移微图案的微制造技术，基于（或借助）光刻蚀的模板来制备弹性印章，进一步利用自组装、毛细作用、压印等技术得到功能化图案，为微制造业提供了一个新的微细加工的思路。

1. 微接触印刷过程

微接触印刷技术作为软刻蚀技术的一个分支，是一种使用弹性印章和自组装单分子膜技术实现在基片膜上（通常是金膜）印刷制造微米和纳米级别图案的新技术。包括模板（master）制作、印章（stamp）制作、印刷过程（printing）三个步骤。

（1）模板制作是通过光刻结合刻蚀的方法把硅片制作成一个浅浮雕式的母版，其中光刻过程类似传统 PS 版晒版过程，包括曝光、显影、刻蚀、清洗过程。首先在硅片基底上涂布薄层光刻胶，待其干燥后上方放置掩膜版，经紫外线曝光、显影后形成光刻胶的图案；然后进行物理刻蚀，在刻蚀过程中无光刻胶区域的硅片被刻蚀，而光刻胶图案区下方的硅片不被刻蚀，经清洗去除光刻胶后形成浮雕式模板。

（2）印章制作是一个复型过程，把聚二甲基硅氧烷的预聚体 Sylgard184 和固化剂按照一定配比（通常 10 ∶ 1）进行充分混合，真空脱气后浇筑在浅浮雕式母板（硅片）上，并经热固化形成橡胶状的弹性固体，把此固体揭下来就得到与模板结构相反的、印刷时用的柔性透明弹性印章。为了使固化的聚二甲基硅氧烷与模板容易剥离，通常在浇筑之前对母版进行氟化处理，降低母版的表面能。

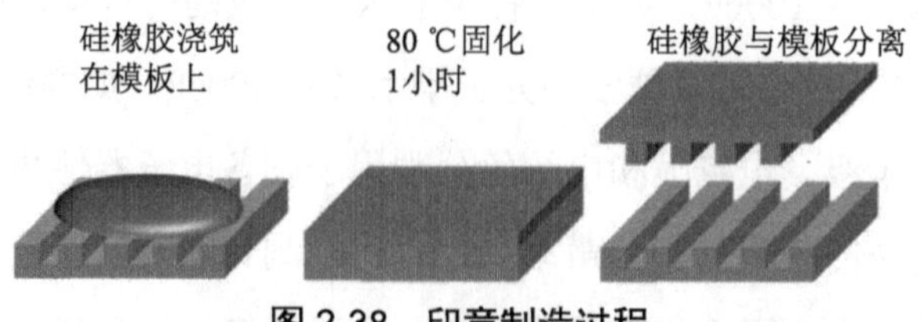


图 2-38　印章制造过程

（3）印刷过程根据上墨方式分为印章整体上墨和印章局部上墨。整体上墨是将印章浸到“墨水”（如烷基硫醇的乙醇溶液）中，然后取出干燥，将蘸有“墨水”的印章放置到镀金膜的基底上，印章凸起的浮雕上的“墨水”就会转移到基底上，由于墨水与金之间有共价键作用，墨水很容易形成自组装单分子层，这样就通过“盖印”方式将弹性印章上的微图案转移到基片上。最初微接触印刷就是这种形式，以印刷硫醇分子到金表面上为代表。在盖印过程中，虽然金的表面达不到原子级的平整，但弹性印章的优良弹性使其与金表面有很好的共接触，保证了精细图案从印章向基材表面的传递过程。硫醇的浓度对微接触印刷过程中单分子层的形成起至关重要的作用，浓度在0.5～10mM时，获得的单分子层图案最佳。自组装形成的单分子层很薄，为1～2nm厚，这使微接触印刷有较高的精度。而弹性印章与金表面接触的时间对印刷效果影响不大。

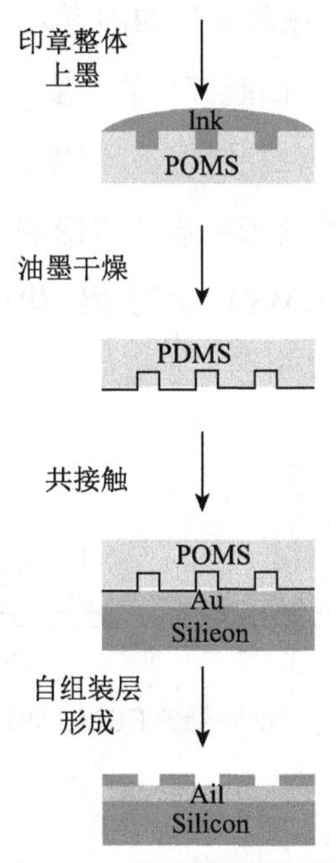


**图 2-39　微接触印刷过程**

印章局部上墨要求可分为三个过程，即涂布油墨、接触上墨、转移油墨，要求油墨有一定黏度。具体如图 2-40 所示。先在橡胶布上涂布一层墨；然后与印章接触，使油墨仅仅转移到印章凸起部分，实现局部上墨（油墨半干）；最后基底与印章接触，在一定压力实现油墨转移到基材上。图 2-40 中的局部放大图是接触上墨过程中形成的橡皮布和油墨层之间的界面（橡皮布界面）和油墨层与印章之间的界面（接收油墨界面），这两个界面的控制和竞争是实现油墨转移的关键。通常采用油墨转移的效率以及转移后油墨与基底的附着程度衡量微接触印刷的效果。

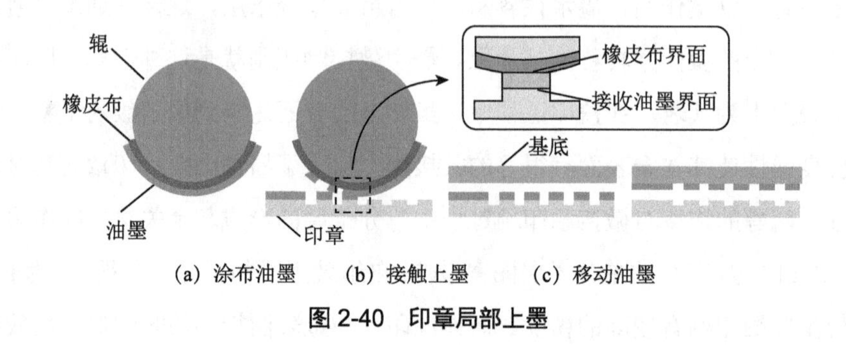


**图 2-40 印章局部上墨**

PDMS 弹性印章是否发生形变以及发生形变的程度，与它自身的机械稳定性有关，而印章的微结构是影响它自身机械稳定性的因素之一。将 PDMS 弹性印章微结构的高度（凹槽的深度）与横向尺寸（凸起部分的宽度）的比定义为图案的纵横比。当纵横比高时，PDMS 印章的纵向易弯曲（膨胀）倒塌；相反，低的纵横比易导致印章顶部塌陷，如图 2-41 所示。印章的变形将会严重影响印刷图案的分辨率，也会降低印刷图案的可重复性。因此，对 PDMS 印章的微结构而言，设计合理的纵横比对印刷效果至关重要，一般认为纵横比为 0.2 ～ 2 最佳。

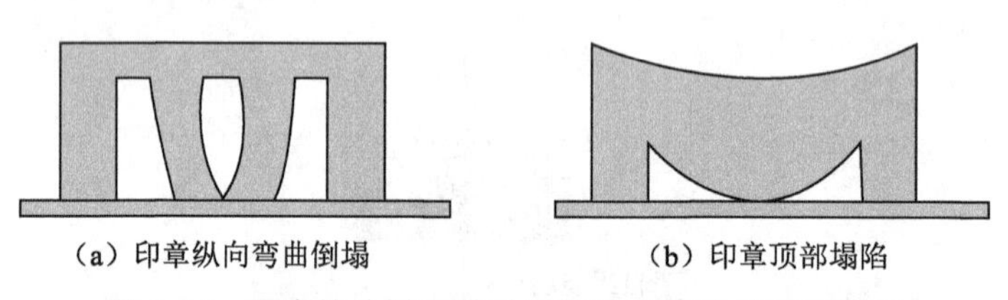


**图 2-41 图案的分辨率受到 PDMS 印章纵横比的影响**

2. 微接触印刷的应用

（1）精细图案的制备

微接触印刷突破了传统印刷精细度＞ 50μm 的限制，适用于微纳米量级图案的制备，甚至可以达到最小几十纳米，具有操作简单、成本低廉、方法灵活、承印基材广泛（曲面或粗糙表面）、图案精细等优点，并且无须特殊的实验设备、无尘环境。但也有一些缺点，如印章易形变、墨水易扩散、图案有缺陷、速度慢、产量低。其中图案的精度依赖于模板的制备方法，采用传统的光刻方法可制备微米量级的图案，而要制备更微细的图案，就需用紫外线、电子束、X 射线等更短波长的光来刻蚀硅片制备模板。除改变刻蚀技术外，采用普通刻蚀的硅模板复型制备印章，利用机械力从四面压缩弹性印章，然后进行微接触印刷，也可得到比印章精细十倍的精细图案。Whitesides 等用 2.5μm 精细度的模板得到 200nm 的微观图案，压缩过程中，凹陷处的压缩程度大于凸起的压缩程度。美国贝尔实验室 Rogers 等成功制备了 5×5 平方英尺的以 PET 薄膜为基底的有源矩阵晶体管背板，其中晶体管的源漏电极（宽 10μm、间距 20μm）就是用微接触印刷方式得到的。

（2）单分子层作为保护区

微接触印刷的自组装单分子层可作为模板来保护下方的区域，与别的技术（如刻蚀）相结合进而高效制作金的微米或亚微米结构。自组装烷基硫醇单分子层对金表面的保护能力与其链长和末端官能团有关：在 16 个碳以下，链越长对金表面的保护作用越大；末端为非极性甲基的自组装单分子层提供的保护能力最强，而极性末端官能团，如亲水的羧基为末端的，保护能力差；链中含有烷基氟官能团或以之为末端的硫醇单分子层的保护能力强于厚度相同的烷基硫醇单分子层。采用 0.1M 的 $K_2S_2O_3$，1M 的 KOH，0.01M 的 $K_3Fe(CN)_6$、$K_4Fe(CN)_6$ 的混合液刻蚀未保护区域的金，刻蚀速度快，并且单分子保护层下的金层缺陷少，清晰度高，为微接触印刷在微电子方面的应用奠定了基础。微接触印刷的图案分辨率与模板的图案有关，在微纳米加工中体现出了越来越重要的作用，用于微电路芯片、微型机械元件、微流控等领域研究。

（3）纳米材料自组装

目前，微接触印刷只是作为一种最基础的表面改性的手段来形成亲疏水的图案，结合 breath figures 技术，可利用表面性质的差异诱导其他纳米材料组装形成图案。

（4）印刷非硫醇分子

除了用烷基硫醇作为墨水外，还可以印刷胶体粒子溶液墨水，如在有催化活性的表面印刷惰性墨水或在惰性的表面印刷胶体催化剂（钯），然后再浸入化学镀液中，金属就沉积到钯胶体构成的精细图案上。微接触印刷催化剂的特点是能在陶瓷、玻璃、高分子等材料上印制得到金属图案。

在微接触印刷基础上发展起来微接触转印技术，转移的材料不具有自组装特性，可用于转印其他油墨。需要注意的是，由于 PDMS 本身表面都不亲水，所以 PDMS 不能直接印刷极性分子墨水，通过氧气等离子体、紫外线、臭氧处理可把 PDMS 表面修饰成亲水性是印刷极性分子墨水的最简单合理的方法。同时，由于PDMS印章容易被有机溶剂溶胀，所以配制油墨时要注意油墨溶剂的选择。北京印刷学院辛智青深入研究了微接触转印银纳米粒子导电油墨的转移过程，如图2-42、图2-43所示。通过等离子体处理改变印章、PET基材的表面能，并控制油墨中溶剂选择、油墨与基底和印章的黏附力，成功制备了10μm精细的网格状的导电图案。证实当油墨、印章、承印物PET基材三者的表面能满足$\gamma_{墨} < \gamma_{PDMS} < \gamma_{PET}$时，油墨转印效果最佳。

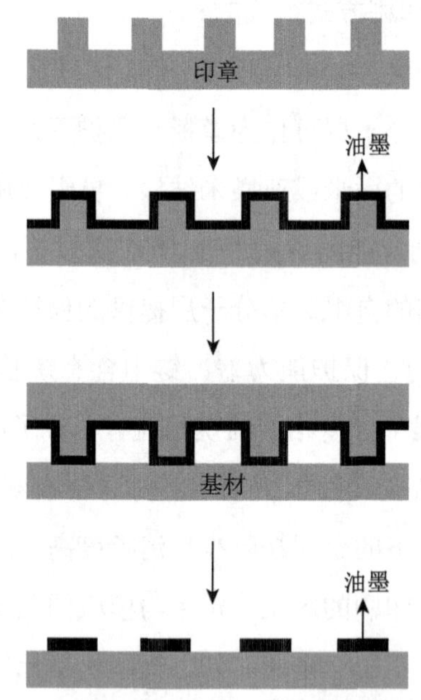


图2-42　微接触转印银纳米粒子导电油墨转移的过程

微接触印刷的应用虽然较为广泛，但有关这种技术的发展仍处于初级阶段，很少有印刷领域的科研人员进行深入研究，很多方面还并不成熟，特别是关于微接触印刷的转印工艺控制，因此微接触印刷技术在工业化领域中还没有立足之处。另外，微接触印刷的设备并没有统一的标准，科研单位和高等院校在做相关研究时大部分是通过自主设计加工得到的。在微接触印刷的研究过程中，由于印刷材料、印刷方式、印刷条件、印刷用途等各种因素的差异，应根据实际研究的条件和目的，从这些因素入手，找到适合的微接触印刷条件。纵然，目前微接触印刷技术不成熟，但它是一种低成本、操作简单、高精度的图案化技术，对柔性印刷电子的发展具有重要意义，具有进一步深入研究的必要性。

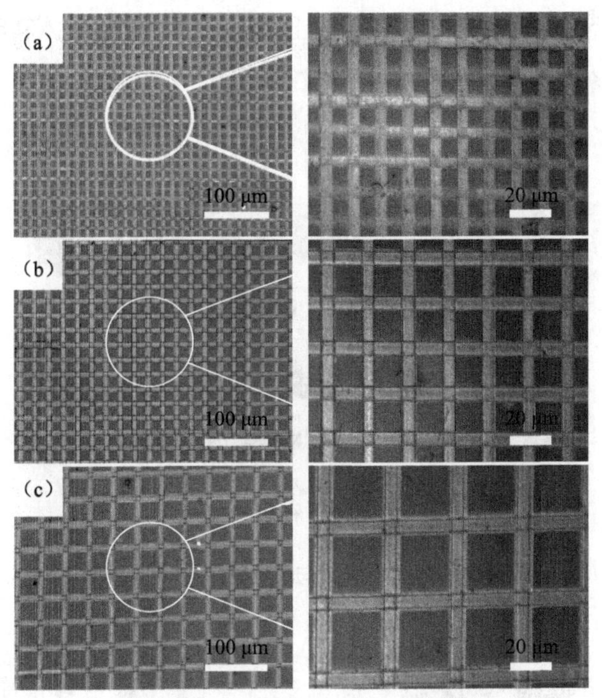


图 2-43 微接触转印的导电图案

### （四）其他印刷技术

前文介绍的部分技术还无法满足高精度印刷、规模化制备方面的需求，研究人员结合不同技术的优势开发综合印刷技术，如热压印与喷墨打印结合、纳米压印与涂布结合、化学图案与涂布结合等。

1. 热压印与喷墨打印结合

在聚苯乙烯或聚碳酸酯基底上通过热压方法得到宽度 5 ～ 30μm 的凹槽（基底预先加热到 $T_g$ 以上），然后在热压形成的槽上方喷墨打印银粒子墨水，墨滴通过毛细力填充到热压的凹槽内，并形成与热压图案相同的导电图案，得到比喷墨墨滴直径小的图案。该方法要求喷墨打印的墨水与聚合物基材的润湿性好（接触角小于 10°），保证墨水容易毛细流动。

2. 物理结构基底与涂布结合

典型代表为纳米压印与刮涂结合使物理模板上填充上油墨，从而实现利用物理限域作用来形成图案。具体过程包括：① 采用物理学的手段与方法，在以 PET 为基底的紫外固化的胶衬底上构造出具有凹槽的紫外固化胶图形；② 利用刮刀将纳米银浆刮涂在该衬底上，控制刮刀压力和角度，使纳米银浆填充到凹槽内，而紫外固化胶表面不残留银浆，经烧结固化后在柔性基底上得到微细导电线条。利用纳米压印高精度的优势，实现制备柔性透明导电膜。

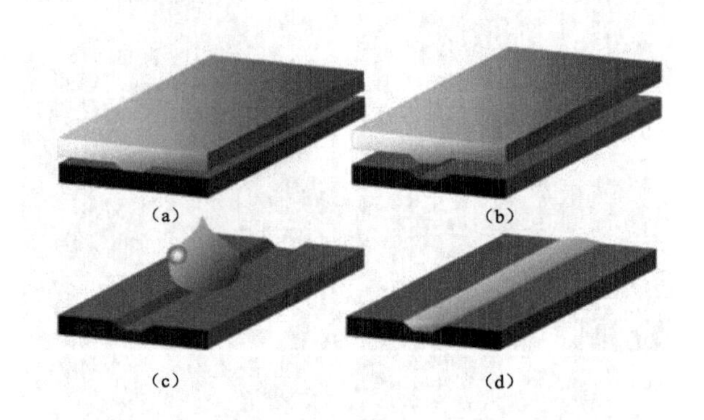


图 2-44　采用热压印与喷墨打印结合制备图案

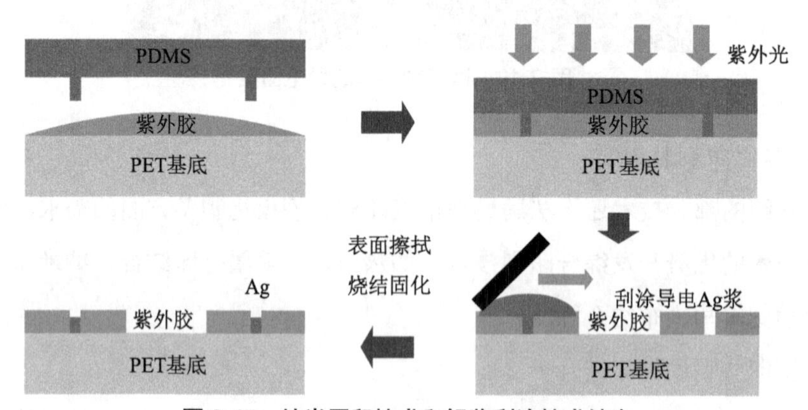


图 2-45　纳米压印技术和银浆刮涂技术结合

3. 化学图案化基底与印刷涂布结合

将导电油墨喷涂到具有表面能差异的表面上，油墨自发聚集并限域在高表面能上，可提高印刷导电图案的分辨率、膜层均匀性、图案边缘的锐度。喷墨打印水性聚噻吩导电高分子墨滴到具有几十纳米宽的疏水图案的 $SiO_2$ 基底上，当墨滴撞击到疏水区时，液体去浸润分成两部分，形成源漏电极。

综上所述，在制备印刷电子产品时，需结合印刷工艺及产品要求，如印刷精度、分辨率、印刷速度、墨层厚度、膜层均匀性、油墨干燥性等来选择不同的印刷方式，然后再选择合适的油墨、基材、图案尺寸等。例如，印刷制备有机发光二极管时需考虑膜层的平整度、上层对下层的润湿性。特别是导电油墨转移过程受油墨材料、印刷工艺、印刷装备影响，影响转移率的关键因素在于油墨的黏弹性、承印物与油墨相容性的改进、印刷工艺技术的调整。部分新型印刷技术虽然在分辨率、油墨方面有一定优势，但距离实际规模化应用还需要较长时间去完善解决。

## 三、印后烧结原理及技术

通常纳米银油墨通过印刷方法转移到基底材料后，并不能直接达到导电要求，其要经过一个重要的步骤——烧结，才能达到良好的导电性。这主要是由于制备的纳米粒子表面包覆有单分子层，其作为保护层来阻止纳米粒子聚集以实现稳定分散在油墨体系中；但该单分子层会阻断印刷成膜后的粒子之间的连接，妨碍电子在粒子之间传输，因此需要在印刷后经烧结处理使单分子层从纳米粒子表面脱附，同时颗粒之间实现物理接触并形成多孔膜或多晶膜，从而表现为块体薄膜特征。

此外，为了提高金属纳米粒子油墨的印刷适性（如黏度和流动性），在油墨中加入少量的有机溶剂和高分子有机聚合物等非导电组分来调整油墨的黏度和流动性。这些非导电组分阻隔了粒子之间的接触，使油墨的导电性降低。因此，需要经烧结后处理去除这些非导电组分。但高分子聚合物的热分解温度很高，一般都在250℃以上。

烧结是指在印刷过程完成后，通过热、光、电等物理方法或者化学方法将纳米粒子表面及周围的非导电层去除，使纳米金属粒子之间连接并致密化，形成导电通路。所采用的烧结技术在很大程度上决定着最终的器件性能。目前，对纳米金属导电墨水，绝大部分采用加热的方式对印刷涂层进行烧结。然而，纯粹加热方式虽然易行，但是往往需要较高的后处理温度，并且需要较长的加热时间。较高的加热温度（150℃以上）限制了印刷基板的选择，特别是热敏感性基板，比如纸张、塑料、织物等；较长的加热时间（30～60min），限制了生产效率。因此，研究其他烧结方法如光子烧结、等离子体烧结、微波烧结、化学烧结等，对于实现高效制备电子器件、扩展承印基底的选择具有重要的价值。

### （一）热烧结

热烧结是指在低于主要组分熔点的温度下加热，使颗粒间产生连接并致密化的方法，可采用烘箱、加热台或加热板烧结。

#### 1. 热烧结机理

热烧结利用纳米颗粒的热动力学尺寸效应，使融化温度较块体材料大大降低。

例如，块体银、铜的熔点分别为961℃和1083℃，而纳米银颗粒的表面在100℃以下就可以开始熔化。当颗粒尺寸降到10nm以下时，纳米尺寸效应更加明显，如纳米银粒子小于2nm时熔点为150℃左右。纳米尺度的银和铜颗粒的熔化温度可降低至100～300℃，因此利用纳米尺度材料可以在较低温度下实现材料的烧结。在目前报道的已规模生产的喷墨纳米金属油墨产品中，粒径大多在10～15nm，烧结温度在130～200℃，电阻率为2.3～4μΩ•cm。其中，平均粒径达到10nm以下的油墨只有4种：ANP公司的DGH 55LT-25C型纳米银油墨、ULVAC公司的L-Ag1TeH型纳米银油墨（3～7nm）、NanoMas公司的NTS05IJ40型纳米银油墨（2～10nm）和InkTec公司TEC-IJ-030纳米银油墨（5～15nm）。烧结温度在100℃左右的仅有3种，分别为NanoMas公司的NTS05IJ40型纳米银油墨、Cabot公司的CCI-300纳米银超导电油墨和拜耳公司的BayInk纳米银油墨。

此外，不同保护剂与纳米金属核的作用力强弱不同，影响烧结温度。相对于大分子保护剂，小分子保护剂更容易脱附，如带有极性基团的长链烷烃，如十二烷基硫醇、十二烷基胺、十二烷基酸等包覆的银纳米粒子在120～200℃下烧结30～60min，可将小分子的稳定剂等杂质除去，实现纳米银的紧密堆积，就可形成颗粒间的有效导电，得到连续的导电层。而聚乙烯吡咯烷酮大分子包覆的纳米银颗粒至少在150℃以上才开始烧结。

2. 热烧结过程

通常一个完整的烧结过程，按照先后发生顺序分为初始、中间和最终三个阶段，即脱附、接触、成颈。

（1）在初始阶段，在热驱动作用下，保护剂从颗粒表面脱附。通过脱附可减小纳米颗粒表面保护剂的厚度，有助于提高隧道电流、增大导电粒子的接触面积以及涂层致密程度，能够减小接触电阻。

（2）在中间阶段，粒子在烧结驱动力的作用下旋转、滑移到更稳定的位置，粒子之间相互接触、收缩，在粒子界面处开始形成烧结颈（neck）。

（3）在最终阶段，原子向烧结颈区域的迁移使颗粒间的距离缩小、颈不断长大，从而纳米粒子相互合并融合，由点接触变为面接触。通过这些渗透通道连接相邻颗粒，实现高导电性，而非通过完全坍塌合并形成块体实现高导电。

从能量的角度来说，烧结过程就是体系自由能减小的过程，即系统相对于烧结前处于一个较低能量状态。烧结过程中粒子间形成烧结颈，从而使系统的表面能降低，这就致使系统的总能量有所减少。烧结的驱动力主要来自颗粒系统的表面能和界面能。因此，颗粒越小，颗粒系统所具有的表面能越高，致密化的过程就越容易发生，颗粒的烧结活性也就越大。

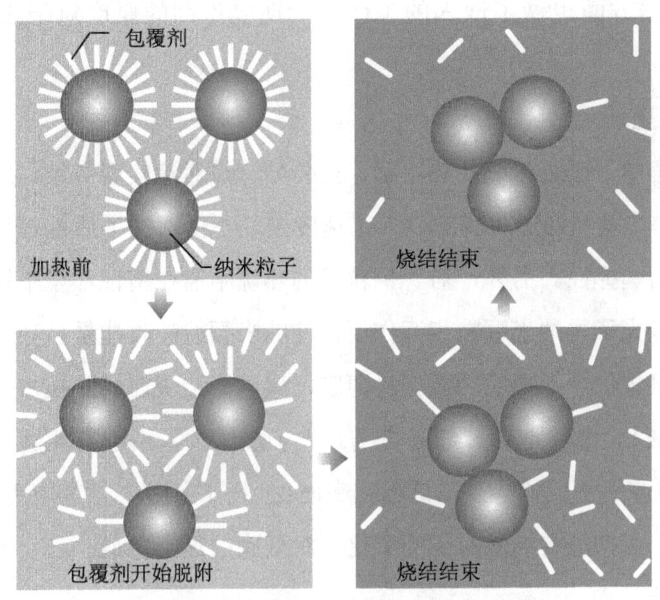


**图 2-46　有包覆层的纳米粒子的烧结过程**

3. 应用

印刷电子中常用的基材有聚酯、聚酰亚胺、纸张等，其中聚酯 $T_g$ 低，只有 80℃，极限处理温度只有 120℃，这决定了其只能用于热处理温度不高的条件，否则会导致其热变形；而聚酰亚胺 $T_g$ 高达 410℃，可耐 300℃的温度，因此适用于对透光率无要求的、热处理温度高的条件。纸张在高温加热过程中容易变黄，也不适合高温热烧结处理。

Konkuk 大学的 Lee 等采用凹版印刷方法在聚酰亚胺膜上印刷微米银导电油墨，然后用 5m 长的烘道在 150℃进行干燥 2.5min 以上，干燥后再在 250 ～ 400℃下进行烧结。Kim 等研究了加热温度对纳米银涂层导电性能的影响，研究表明：随着温度的升高，膜层的电阻率逐渐减小；当烧结温度为 250℃时，导电膜层的电阻率减小至 3μΩ・cm。Liu 等采用 20wt% 含量的银纳米粒子墨水在硫酸纸上直写并在 180 ～ 220℃烧结，电阻率为 $2.1\times10^{-6}\Omega\cdot m$。北京印刷学院高波老师开发了热烧结设备，将硅油注入滚筒中，利用硅油传递热量到滚筒上来烧结聚酯基底上的银纳米粒子，获得了较好效果。烧结后的膜层表面会产生一定的孔隙，对导电性有一定影响。Kim 等将两种不同大小的粒子混合（300nm 和 55nm），烧结后孔隙明显减少，获得了更紧密堆积的结构，导电性提高了 2 倍以上。北京印刷学院李路海老师课题组在低温烧结方面也做了深入的工作，发现包覆剂的厚度对于实现低温烧结非常关键。

（二）光子烧结

热烧结过程中是通过传统的热辐射、热传导、热对流实现烧结，所需的烧结时间长，需要在 150℃以上处理 30min 以上，速度慢，不仅增加了后处理系统的尺寸，而且限制了基底的选择性。另外，对于铜粒子的热烧结需在惰性环境下操作。光子烧结技术是通过高能光子与纳米颗粒相互作用，使纳米颗粒吸收能量后稳定剂脱附并在很短时间内相互聚集融合，形成功能材料薄膜，属于低温快速烧结技术，包括闪灯烧结（强脉冲光烧结）、激光烧结、红外烧结。光子烧结技术由于其能够低温、快速、非接触、选择性地烧结纳米材料且不破坏基底而受到了广泛关注，其应用范围不断扩展。此外，光子烧结可抑制铜纳米粒子的氧化，对基底的热损伤最小。

1. 闪灯烧结

（1）烧结过程

闪灯烧结是一种新型烧结技术，它是采用宽光谱、高能量的脉冲光对纳米材料墨水进行固化烧结，也称为强脉冲光烧结，其作用机理及过程相对复杂。烧结装置由触发控制器、充电电容、氙灯、反射器组成，膜层距离灯管 1 ～ 3mm。在进行材料烧结时，由控制器控制电容的充电电压和放电时间，激发大功率的氙气灯管发出脉冲高能强光，约 400kW 的高强度瞬间峰值能量使纳米金属粒子膜吸光转热达到 250 ～ 300℃高温，而基材温度保持不变，达到低温烧结之目的。氙灯脉冲光的发光原理是电源对电容充电，电容再瞬间对灯管放电，依序循环，每秒最高达 100 次。可调节参数包括脉冲个数、光功率、脉冲时间，通过控制电容量（50 ～ 2400μF）、电容组电压（500 ～ 1500V）、形成脉冲的电感（0 ～ 1mH）可在 1ms 内最多可射击 99 次脉冲，脉冲光能量最大达 100J/cm$^2$；脉冲持续 1.5 ～ 6ms，脉冲间隔时间 20 ～ 0ms。氙气脉冲光提供宽带谱发光，发射光谱 380 ～ 950nm，让材料固化更容易，材料选择性大，并且灯管不发热，以达低温目的。闪灯烧结过程中，如曝光能量高会导致膜层脱落问题，可采用多重脉冲来解决，也可通过提高膜与基底的黏附来减少该现象。

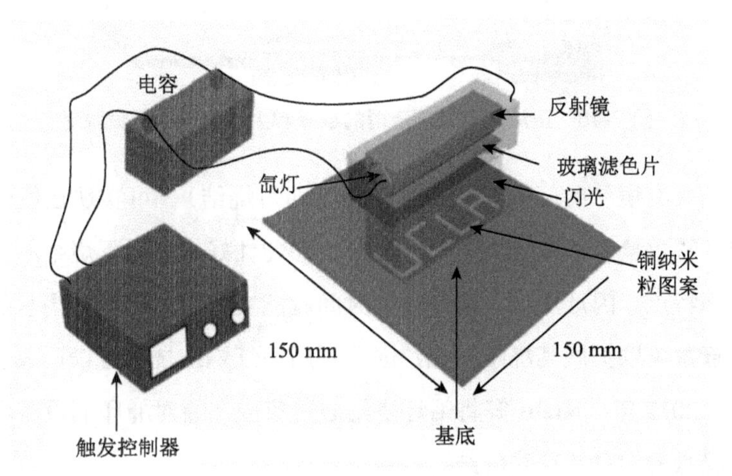


图 2-47 闪灯烧结铜纳米粒子装置

（2）应用

强脉冲光烧结通过闪灯曝光短暂诱导墨层高温。一方面，由于脉冲时间几毫秒或更少，传输到墨层下方基底的热有限；另一方面，氙灯发出的脉冲光被油墨吸收，而不被基底吸收，因此，该方法不会损坏基底。通过热模拟发现，对于聚酯（PET）基底上 1μm 厚的银膜层，在 300 微秒脉冲时间内诱导银膜最高温度超过 1000℃，而 PET 基底不超过 250℃，并在 8ms 内降低到 150℃。在闪灯烧结过程中，表面的银纳米颗粒墨水先烧结，然后下层的银纳米颗粒再受热烧结，但是下层纳米颗粒烧结时溶剂挥发使两层之间出现空洞，并撑破表面层使电极出现“起皮”脱落。通过优化闪灯烧结的条件，调节不同的光功率及脉冲个数、脉宽，可以消除这种分层脱落现象，并获得形貌良好的烧结效果。

闪灯烧结方法更适合铜纳米粒子膜，采用闪灯烧结技术能实现在大气环境下对铜纳米颗粒墨水和铜盐墨水的烧结，不需要惰性气体或氢气还原来阻止氧化。这主要是由于在乙醇、乙二醇还原剂存在下，铜的氧化物等不纯物可通过高峰温度被还原，并且如果脉冲时间足够短的话，不会发生再氧化。Dharmadasa 等用强脉冲光处理聚酯（PET）基底上喷涂的铜膜，发现在 2ms 的脉冲时间内不会发生再氧化反应。Ryu 等发现烧结过程中 $Cu/Cu_2O$ 粒子表面包覆的聚乙烯吡咯烷酮可作为还原剂，并且在脉冲光辐射聚乙烯吡咯烷酮过程中形成弱酸或端羟基中间体，聚乙烯吡咯烷酮具有还原特性，类似于醇还原剂的作用，使氧化铜层还原成铜，最终获得了纯铜的导电电极电路。

图 2-48　正常功率烧结获得的铜膜和大功率导致铜膜脱落

闪灯烧结具有烧结时间短（几毫秒室温下即可烧结）、可实现在线快速烧结、大面积（增加灯管数量来扩展烧结面积）烧结、均匀性好、室温下烧结不损坏基底、基底选择性广等特点。闪灯烧结只需毫秒的时间就能实现对纳米材料墨水的烧结，并且通过增加灯管数可以扩展其烧结面积，因此利用闪灯烧结技术可以形成快速、大面积的烧结系统。2012 年，Krebs 等将闪灯烧结装置集成在卷对卷印刷设备中，实现了对银纳米颗粒墨水的卷对卷在线烧结。

2. 激光烧结

（1）烧结过程

激光分为连续激光和脉冲激光，激光烧结技术是采用连续或脉冲激光照射纳米材料膜层，利用激光能量作用产生的热量使膜层材料固化烧结，实现材料的功能化。通常采用光纤激光器作为激光光源，波长有 488nm、514nm、780nm、940nm、1064nm。

连续激光主要控制因素是功率、时间。采用连续激光对纳米材料墨水进行烧结时产生的线宽都大于十几微米，甚至几十微米，主要原因是光学衍射极限及热导时间效应，即连续激光的热导时间较长，热量从烧结区传递到了烧结区外，从而引起烧结区域的加宽。Lee 等将 Wiedemann-Franz 法则应用于二维热导方程，研究了激光烧结银纳米颗粒墨水时的瞬时温度场分布及热导情况。Kang 等研究了不同激光功率、扫描速度对线宽的影响，发现在相同功率条件下，扫描速度越快线宽越窄，其原因是材料烧结时扫描速度越快，热导时间越短，有利于获得较窄线条。

脉冲激光器能发射毫秒及微秒的脉冲激光，频率能达几千赫兹，因此利用脉冲激光进行墨水材料烧结时，能获得更小的线宽和热导区域。Peng 等研究了脉冲激光烧结对银纳米颗粒薄膜性能的影响，分析了脉冲激光作用于银纳米颗粒的热耗散情况。由于脉冲激光的脉冲能量较大，在进行材料烧结时需要更好地控制激光的能量，防止能量过高烧蚀掉膜层和损坏基材。

研究人员通过分析激光与金纳米颗粒之间的能量交换机理，发现能量耗散与颗粒尺寸之间呈非指数关系，并且能量耗散的时间常数与颗粒的表面积成正比。在进行纳米颗粒烧结时，激光激发的电子与纳米颗粒的电子散射产生热电子，热电子与颗粒晶体的声子耦合达到与晶格的能量平衡，这一过程与块状材料的能量传递过程相同，但是由于纳米颗粒的尺寸很小，颗粒随后通过声子—声子耦合与周围的环境达到热平衡。纳米颗粒尺寸越小，其能量耗散时间越短。Song 等利用飞秒激光器进行银纳米颗粒墨水的烧结研究，克服了连续激光衍射极限和热导时间长的缺点，制备出线宽只有 380nm 的电极，并且利用该技术制备了有机场效应晶体管。

中科院苏州纳米所自行搭建了一套如图 2-49 所示的连续激光烧结装置，并将该装置与气溶胶打印设备集成，实现了纳米材料墨水的打印与烧结的自动化，并且利用该装置实现 13μm 线宽的烧结。

(a)

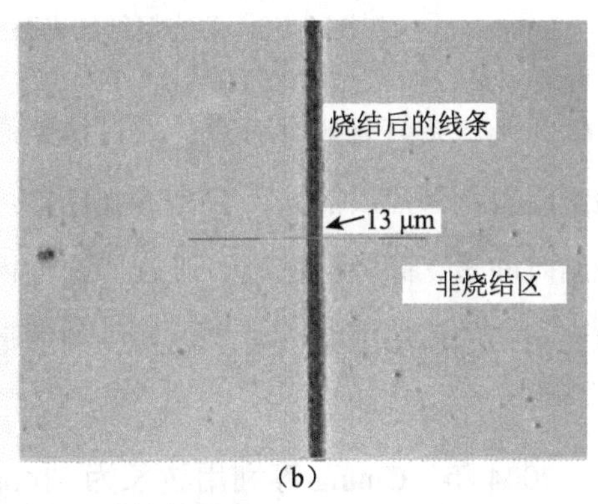

(b)

**图 2-49　连续激光烧结装置及烧结的图案**

从理论上讲，采用的激光波长若与墨水材料的吸收峰相近，其能量转换效率会较高，但由于激光的高能热效应，波长即使不在吸收峰附近的激光也能实现纳米材料的烧结。因此，也有人采用 780nm、940nm、1064nm 波长的激光进行纳米材料的烧结研究。但是无论采用何种波长的激光进行纳米材料墨水的烧结，其烧结装置基本组成如图 2-50 所示。包括激光器、光纤、分光镜、透镜、移动平台等。首先将激光器发射的激光整形成平行光，然后通过偏振分光镜（PBS）进行分光，透射光的部分可以通过能量计进行能量测量，反射光的部分形成一个无限远校正光学系统；在该系统的下端通过显微物镜对激光进行聚焦，上端通过电荷耦合器件（CCD）传感器观察烧结时光斑的情况。在该光路中能自由增加滤波片等光学元件，有利于提高光束质量。待烧结的样品放置于 XY 电动平移台上，通过振镜扫描器（galvano-mirror scanner）

可实现微米大小的激光光斑快速扫描形成线，通过控制平台的移动速度和方向实现膜平面的烧结，插图为制备的大面积的银纳米粒子图案。

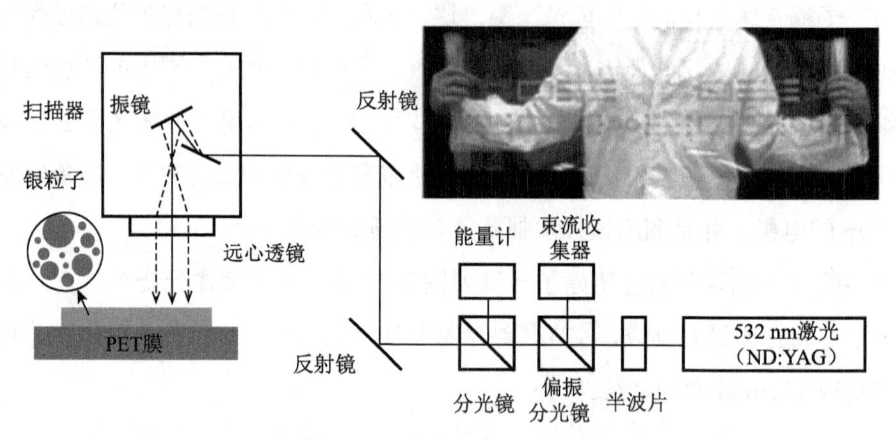


图 2-50　激光烧结的光路图及烧结的大面积的银粒子图案

激光烧结具有如下特点：通过调整激光强度使激光对基底热损伤最小；通过光学透镜组整形聚焦后能获得较小的光斑，可使热影响的区域最小；激光能量集中，所需烧结时间短、高效；室温可进行；通过调整能量可把不需要的膜层去除掉，保留未被激光扫描的膜层区域，可实现精细的图形（5μm 以下）。

（2）应用

2004 年，Chung 等利用波长为 514nm 的连续氩离子激光对喷墨打印的金电极进行烧结，发现激光能量的高斯分布使墨水在烧结区域出现热毛细现象，使纳米颗粒向两边移动，产生类似的“咖啡环”现象，使烧结区域轮廓呈现火山状；在 100mW 的低功率激光下，由于马兰戈尼效应，在烧结区的两边出现了大约间隔为 8μm、高度在 0.5 ～ 1μm 的尖刺形貌。为了克服单束激光能量分布不均所引起的形貌缺陷，他们采用了“心”形双光束进行金电极烧结，获得了与块状材料相近的导电性，并且其形貌也较为平整。

3. 红外烧结

（1）过程

红外烧结是利用红外光的热效应实现对纳米材料墨水的固化烧结。虽然纳米颗粒材料墨水在红外区的吸收一般较小，但红外光的热效应能使墨水中溶剂快速挥发，纳米颗粒相互聚集并受热融合。研究发现，采用红外光对金属纳米颗粒墨水进行烧结时，随着金属纳米材料的聚集融合，其表面的反射率会逐步增强，对红外光的吸收逐步减小，从而形成了一个负反馈效应，有利于防止烧结时温度过高而引起的样品损伤。

（2）应用

红外烧结能实现对纳米材料墨水的快速、大面积烧结，目前对红外技术应用于纳米材料烧结方面的研究和报道还相对较少。Tobjork 等采用大功率的红外灯照射喷墨打印在纸基上的银纳米颗粒电极，在 20s 的时间内获得了小于 6μΩ•cm 的电极。同时，由于塑料等透明柔性衬底对近红外区的吸收很小，利用光子烧结技术使聚合物衬底的温升很低，有利于低温柔性印刷电子器件的制备实现纳米银颗粒的熔融粘连。例如，PET 对近红外光的吸收较小，所以红外烧结主要采用短波红外光进行纳米材料墨水的烧结，不损伤 PET 基底，可获得了与烘箱烧结相当的导电性。

光子烧结技术在印刷电子技术中是一个重要的研究方向，其包含的闪灯、激光、红外烧结方式具有各自鲜明的特点和应用范围。关于闪灯烧结设备，目前主要的厂商是美国的 Xenon 公司和 Novacentrix 公司，还有在推的德国 Heraeus 公司。其中 Xenon 公司开发了几种生产型和研发型的闪灯烧结设备，应用于金属导电墨水及半导体墨水的烧结中，并于 2016 年推出了卷到卷的闪灯烧结设备（Sinteror 5000）。Novacentrix 公司开发了单张及卷对卷的闪灯烧结设备，但其针对的材料主要是其公司开发的金属纳米材料墨水。激光烧结设备一般采用光纤激光器作为激光光源（如美国 IPG 公司的光纤激光器），通过光学透镜组整形聚焦后能获得较小的光斑，以实现精细的图形化烧结。红外烧结装置可以实现快速的、大面积的材料烧结。2013 年，德国的 3D Micromac 公司展示了其卷对卷红外烧结装置，他们采用了 Heraeus 公司的红外设备进行大面积的卷对卷在线烧结。随着印刷电子技术的发展以及对大面积、快速、成膜性好及高分辨率的烧结技术的研发，光子烧结技术将发挥其重要的作用和优势，并将得到更加广泛的实际应用。

### （三）其他后处理技术

除以上两种主要烧结技术外，研究人员也在开发其他的烧结技术，如微波烧结、化学烧结、热压烧结、等离子体烧结等。

1. 微波烧结

微波烧结法的基本原理就是纳米金属受到一定功率的微波辐射，其线条内部会产生涡流，从而产生能量，使纳米金属表面的稳定剂脱去，达到烧结目的。烧结时，金属颗粒对微波有很强的吸收能力；而热塑性的塑料聚合物在低于玻璃化温度以下时，偶极子极化通常很小，对于微波辐射吸收很小，就像是透明的，基本不吸收微波的能量。因此，采用微波加热处理法可避免衬底承受较高的温度，同时大大缩短了烧结时间，但对设备要求高。与传统的加热方式相比，微波烧结具有均匀、快速、体积加热的特点。采用微波法烧结银颗粒，可获得块体银的 10% ～ 40% 的电导率。Perelarer 等研究微波烧结喷墨印刷在 PI 基板上的纳米银导电膜层，经 4min 烧结处理使导电涂层的电阻率达到 30μΩ · cm。

为了获得更好的烧结效果，研究人员将微波与等离子体结合、微波与光子结合，提高了烧结效率。

2. 化学烧结

化学烧结法不同于以上的物理烧结法，不是靠产生热量来使纳米金属粒子表面的稳定剂脱附，而是通过喷涂或在墨水中提前加入化学试剂等方法，一般在常温下即可脱附稳定剂从而使颗粒紧密接触。化学烧结法具有节能、快速、简单等优点，正受到人们越来越多的关注。Magdassi 等在化学烧结方面做了一系列工作，发现当聚丙烯酸钠包覆的带负电的银粒子与带有相反电荷的聚二烯丙基二甲基氯化铵（PDAC）接触时，会自发地聚集而获得较好的导电性，如图 2-51 所示。经此法烧结后的纳米银导电线路可达纯银电导率的 20%。这种方法利用电荷中和实现室温下粒子的“烧结”，可以用于热敏感基材，如纸张、塑料、聚合物基材上银纳米粒子的处理；进一步用盐酸蒸汽对打印的聚丙烯酸包覆的纳米粒子图案进行处理，氯离子诱导保护剂解吸附并使银粒子聚集，导电性达到纯银的 40%；在此基础上，将制备的纳米银墨水中掺杂一定浓度的氯化钠溶液或在打印好的纳米银图案上再打印氯化钠溶液来实现烧结，在室温下得到纯银电导率的 40% 的纳米银导电线条，主要是利用氯离子与银的强结合性，脱去了银纳米粒子表面包裹的稳定剂聚乙烯吡咯烷酮，使纳米颗粒发生团聚、接触而实现导电。中科院化学研究所的宋延林团队发现氢氧根离子有很强的极化性，比氯离子的脱附效果更好，可使纳米银粒子表面的聚乙烯吡咯烷酮稳定剂快速脱附而团聚变大。将合适浓度的氢氧化钠溶液均匀喷涂到纳米银导电图案上，可以实现在室温下快速烧结纳米银导电图案，使其获得良好的导电性。

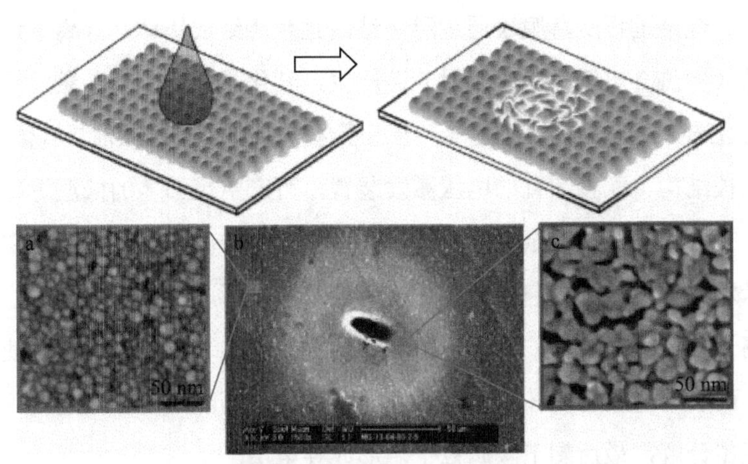


图 2-51　利用聚二烯丙基二甲基氯化铵化学烧结纳米银粒子及 SEM 图

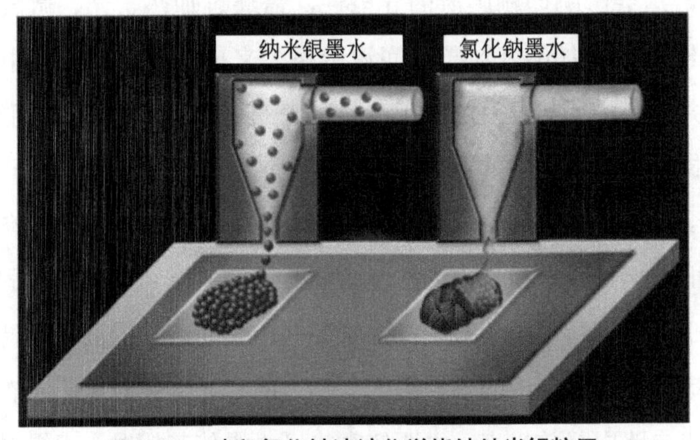


图 2-52　喷印氯化钠溶液化学烧结纳米银粒子

3. 热压烧结

热压烧结是一种广泛用于粉末冶金的烧结方法，是基于烧结的基本原理，在加热的基础上，通过施加压力增强烧结动力，促进颗粒烧结形成致密化薄膜。在烧结过程中，压力起到了两方面作用，一是增加纳米颗粒间接触面积或接触点数目；二是压力可以促使形成更均匀和致密的微观结构。芬兰赫尔辛基大学 Petri Pulkkinen 等制备了聚乙烯亚胺和四乙烯五胺包覆的铜纳米颗粒，并进行热压烧结 ，研究了不同温度、压力下铜颗粒烧结后的导电性能，可实现在 150℃和 200℃的较低温烧结。

4. 等离子体烧结

等离子体烧结是指将印刷出的图案在等离子下进行曝光处理从而得到致密层的

一种烧结方法。烧结过程从薄膜表层逐层烧结，直至烧结成块体。等离子体可通过施加足够的能量（如热、电流、电磁辐射）而产生，其化学性质依赖于激发等离子体的供给气体。通过选择氢气、氧气、氮气，等离子体可分别具有还原性、氧化性、惰性。选择合适的电极结构、配置适宜的电压激发装置，可产生足够多的低温等离子体实现材料的烧结。在等离子体烧结金属纳米颗粒时，激发出的高能等离子活性物质可以分解包覆在纳米颗粒外层的有机包覆层，通过断链作用，形成小分子化合物。这些小分子在低压等离子体中被挥发掉，留下脱去包覆层的金属纳米颗粒，从而促使颗粒间发生连接行为。而烧结金属前驱体墨水时，银盐离子会被高能氩离子（氩气等离子体处理产生的）轰击分解，最后剩下金属粒子，形成导电层。

综上所述，通常采用湿法化学方法大批量制备金属纳米粒子，其表面通常会包覆有一层有机物，这会影响印刷膜层的导电性，需通过加热、光、微波、压力等物理烧结和化学烧结方法增加纳米粒子之间渗透路径来提高导电性。其中，烘箱加热耗时、成本高，并且高的加热温度限制了塑料基底的使用。而激光、强脉冲光可在相对小的时间窗口提供高的、集中的能量实现快速烧结，可与高速卷到卷印刷工艺兼容，具有较大优势。需要指出的是，导电油墨印刷中的干燥固化也是影响导电油墨性能的一个主要方面。例如，单组分丙烯酸树脂或乙烯类树脂组成的常温固化导电油墨，体积电阻随着干燥的进行电阻值减小，这主要是由于随着干燥固化的持续增加了分散粒子的接触概率。导电银浆中的各种溶剂与助剂的存在，也对电阻率有一定的影响，要使它们从导电电路中释放出来，主要依靠热风干燥使其挥发，干燥温度一般控制在85～90℃为宜，在热风下恒温40min。实践证明，干燥不彻底的导电图形往往要比干燥彻底的图形阻值高数十倍以上。

## 第五节　射频识别标签的制造技术

无线射频识别（Radio Frequency Identification，RFID）是通过无线射频信号自动识别目标，并对目标进行数据读写的技术。与传统的条形码、磁卡及IC卡相比，射频识别具有非接触、读写速度快、无磨损、不受环境影响、寿命长、便于使用等特点，且具有防冲突功能。电子标签作为射频识别的核心部件，是信息获取的终端，同物联网、云计算以及大数据相结合，规模应用不断出现，广泛应用于生产、物流、交通、运输、医疗、防伪、跟踪、设备和资产管理等需要收集和处理数据的应用领域，并被认为是条形码标签的未来替代品。射频识别技术的发展过程如表 2-7 所示。

**表 2-7　射频识别技术的发展过程**

| 时间 / 年 | RFID 技术发展 |
|---|---|
| 1941 ～ 1950 | 雷达的改进和应用催生了 RFID 技术，1948 年奠定了 RFID 技术的理论基础 |
| 1951 ～ 1960 | 早期 RFID 技术的探索阶段，主要处于实验室实验研究 |
| 1961 ～ 1970 | RFID 技术的理论得到了发展，开始了一些应用尝试 |
| 1971 ～ 1980 | RFID 技术与产品研发处于一个大发展时期，各种 RFID 技术测试得到加速。出现了一些最早的 RFID 应用 |
| 1981 ～ 1990 | RFID 技术及产品进入商业应用阶段，各种封闭系统应用开始出现 |
| 1991 ～ 2000 | RFID 技术标准化问题日趋得到重视，RFID 产品得到广泛采用 |
| 2001 年至今 | 标准化问题日趋为人们所重视，RFID 产品种类更加丰富，有源电子标签、无源电子标签及半无源电子标签均得到发展，电子标签成本不断降低 |

射频识别技术的发展得益于多项技术的综合发展。所涉及的关键技术大致包括芯片技术、天线技术、无线收发技术、数据变换与编码技术、电磁传播特性。随着技术的不断进步，射频识别产品的种类将越来越丰富，应用也越来越广泛。可以预测，在未来的几年中，射频识别技术将持续保持高速发展的势头。射频识别技术的发展将会在天线制作、应答器（射频标签）、阅读器、系统种类等方面取得新进展。射频识别技术在国外发展非常迅速，射频识别产品种类繁多，被广泛应用于工业自动化、商业自动化、交通运输控制管理等众多领域，如汽车、火车等交通监控，高速公路自动收费系统，停车场管理系统，物品管理，流水线生产自动化，安全出入检查，仓储管理，动物管理，车辆防盗，等等。

## 一、射频识别系统组成及工作原理

射频识别系统由读卡器、电子标签组成。根据设计方式以及使用的技术，读卡器主要分为只可读、可读写两种。读卡器的天线发送无线射频信号并接收来自电子标签的无线信号，通常具备读取和写入标签信息的功能，可设计为手持式或固定式。电子标签接收信号、存储信息，并反馈信号给读卡器，由天线和芯片组成。芯片就是我们说的半导体硅电子器件，保存有约定格式的电子数据；电子标签的天线与读卡器的天线不同，是导电线条，用于接收读卡器的信号来激活芯片。那么天线是如何激活芯片的呢？这依赖于天线的结构，后文会讲到。实际应用中，电子标签附着在物体的表面或者内部，每个标签具有唯一的电子编码，可标识目标对象。

射频识别系统工作时，数据通过无线射频方式在读卡器和标签之间进行非接触、双向传输，工作原理如图 2-53 所示。

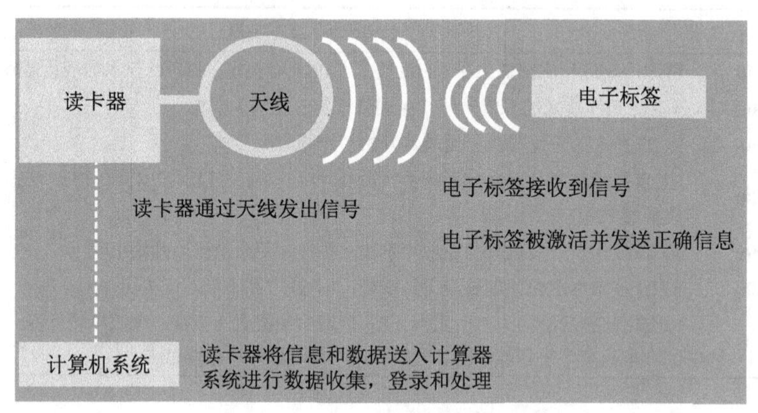


图 2-53　RFID 系统的工作原理

（1）读卡器通过天线发送出一定频率的射频信号。

（2）当射频识别电子标签进入读卡器工作场时，其天线产生感应电流，从而射频识别标签获得能量激活芯片，并向读卡器发送出自身编码等信息。

（3）读卡器接收到来自标签的载波信号，对接收的信号进行解调和解码，并将解调出的数据送到控制逻辑，控制逻辑接收指令完成存储、发送数据或其他操作。

（4）读卡器将信息送至计算机主机进行处理，计算机系统根据逻辑运算判断该标签的合法性，针对不同的设定做出相应的处理和控制，发出指令信号。

## 二、电子标签的类型

电子标签按供电方式（或获取能量方式）可分为有源、半有源、无源标签三类。顾名思义，有源就是需要外界电源，有源标签集成了一个对数据载体供应能量用的附加电池，其优点是具有较大的读写距离，可达几百米；缺点是由于携带了电源及其附加电路使有源标签的体积大，制作成本高，此外有源标签在使用过程中需要维护，如电池的更换等。半有源标签也自带了电池，但是标签在进入读卡器的有效读写范围前处于休眠状态，其内部电池能量消耗很小；一旦进入读卡器的有效读写范围，标签立即被激活，与读卡器之间发生信息交换，标签的能量由读卡器的射频能量和标签内部电池共同提供，所以这种标签内部电源消耗小，其使用年限比有源标签长。无源标签内部无外界电源即可工作，标签所需的电力或能量是透过射频识别系统的读卡器来供给，即标签天线接收到读卡器的射频信号经射频芯片内部的整流电路转换为能量，其构成简单，只有天线和射频芯片，具有体积小、制作成本低、免维护和使用年限长等优点。

电子标签按工作频率可分为低频（100～500kHz）、高频（10～15MHz）、超高频（850～950MHz）、微波（2.4～5.8GHz），标签的读写距离随着频率的增加而增加。不同频率要求天线的形状不同，如高频天线是线圈式，超高频是对称式，这是由于其工作原理不同。不同频率的标签，使用的标准也不同，主要标准有：ISO/IEC 18000标准（涉及125kHz、13.56MHz、433MHz、860～960MHz、2.45GHz等频段）、ISO11785标准（125kHz）、ISO/IEC 14443标准（13.56MHz）、ISO/IEC 15693标准（13.56MHz）、ISO/IEC10536等。其中，ISO/IEC 14443在非接触智能卡方面的应用最为广泛，根据信号调制及解调方式的不同，又可以分为ISO/IEC 14443A和ISO/IEC 14443B。以Philips为首的Philips、Siemens、Hitachi联盟致力于A型技术的研发，而OTI、ST、Motorola、NEC、SAMSUNG、Infineon等公司则致力于B型技术的研发。Sony公司发行了由RFID衍生出的NFC的Felica非接触式卡，采用ISO/IEC 18092标准。

电子标签按功能可分为防撕裂标签（高档酒包装）、温度标签、抗金属标签、抗液体标签等。

**表2-8 不同频率的标签特性对比**

| 频率 | 低频 | 高频 | 超高频 | | 微波 |
|---|---|---|---|---|---|
| | 125kHz | 13.56MHz | 433 MHz | 915MHz | 2.4GHz |
| 识别距离 | 1～1m | 1～1m | 4～7m | 4～7m | 30m |
| 优点 | 技术简单，可靠成熟 | 速度较快，安全性高 | 尺寸较小，定向识别，可绕开障碍物，无须视距通信 | | 速率较高，尺寸较小 |
| 缺点 | 速率较低，工作距离短 | 天线尺寸大，受金属影响大 | 发射功率受到限制，受制造材料影响大 | | 易受干扰，功率受限 |
| 运行方式 | 无源 | 无源 | 无源 | 无源/有源 | 无源/有源 |
| 传输速率 | 慢 | 较慢 | 较快 | 较快 | 快速 |

## 三、射频识别标签的工作原理

标签通过耦合读写器发射的电磁波的能量来工作。根据发生在标签和读写器之间的射频信号的耦合类型分为线圈型天线标签（电感耦合）、偶极子天线标签（电磁耦合）。

1. 线圈型天线标签

线圈型天线标签的形状是一圈一圈的，工作原理是通过电感耦合激活芯片，应用的是变压器模型。由读卡器的天线产生的高频交变磁场穿过标签天线线圈横截面和线圈周围的空间时，标签内部会产生电磁感应电流，从而触发芯片电压阈值激活芯片，然后标签天线将芯片内的存储信息以载波信号形式发送反馈回读卡器，达到信息传递目的。当两个天线的频率一致时，两者谐振，效果最好。对于电感耦合天线，主要参数有线圈电感 L、线圈面积 S 和天线 Q 值。其中 Q 值是衡量电感器件的主要参数，指电感器在某一频率的交流电压下工作时，所呈现的感抗与其等效损耗电阻之比。Q 值越高，其损耗越小，效率越高。

线圈型天线一般适合于中、低频工作的近距离射频识别系统。典型的工作频率有：125kHz、225kHz（100 ～ 10000 匝）和 13.56MHz（3 ～ 10 匝）。由于磁场的作用距离在偏离线圈中心轴不远处其强度会急剧下降，所以识别作用距离短，一般小于 1m，典型作用距离为 10 ～ 20cm。但这一特点使其具有较高的保密性和安全性，可以用于信息安全识别、商品移动支付等领域。

某些应用要求射频识别标签的线圈天线外形很小，且需要一定的工作距离，如动物识别。为了增大标签与读卡器之间的天线线圈互感量，通常在天线线圈内部插入具有高磁导率的铁氧体材料，来弥补线圈横截面小的问题。

2. 偶极子天线标签

在远距离耦合的射频识别系统中，最常用的为对称形状的偶极子天线的标签，由两个粗细和长度均相同的导体作为天线臂。工作原理是基于空间电磁反向散射耦合激活芯片，应用的是雷达原理模型。读卡器发射出去的电磁波信号从偶极子天线中间的两个端点馈入，在偶极子的两臂上产生一定的电流分布，从而在天线周围空间激发起电磁场并激活芯片，并将自身芯片内存储信息以载波信号形式反射回读卡器。

偶极子天线分为三种类型，分别为半波偶极子天线、双线折叠偶极子天线、三线折叠偶极子天线。偶极子天线适合于高频、微波工作的远距离射频识别系统。典型的工作频率有：433MHz、915MHz、2.45GHz、5.8GHz。识别作用距离大于1m，典型作用距离为4～7m。

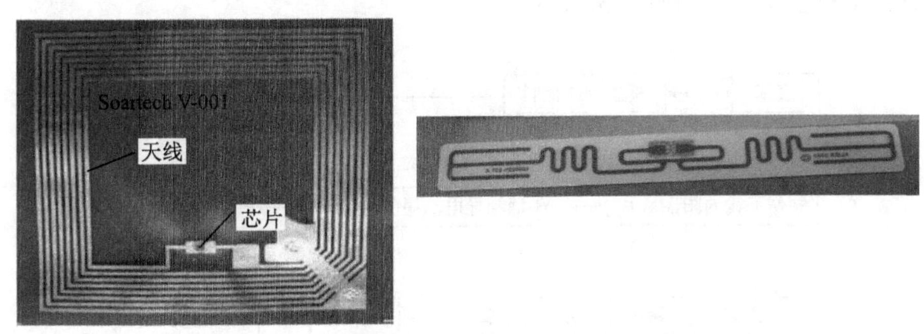


图2-54　线圈型天线标签和偶极子天线标签

## 四、射频识别标签天线制作方法

天线是电子标签的基本组成单元之一，其制作方法直接决定电子标签的成本及性能。目前，制造方法有线圈绕制法、铜（铝）箔蚀刻法、直接印制导电油墨法、超声嵌入布线法、喷墨印刷结合电镀法五种。不同制造方法会影响射频识别标签的关键参数如Q值、响应频谱，蚀刻天线制造的射频识别标签Q值高，但响应频谱窄；印刷天线制造射频识别标签Q值较低，响应频谱较宽。

### （一）线圈绕制法

线圈绕制法是在一个绕制工具上绕制铜丝导线并进行固定，要求天线线圈的匝数较多，典型匝数50～1500匝。对于频率范围较小（比如小于135kHz）的标签以及不首要考虑标签成本问题的市场应用时，通常采用该方法。

### （二）铜（铝）箔蚀刻法

铜（铝）箔蚀刻法也称减成法，先在一个底基载体（如塑料）上面覆盖一层20～25μm厚的铜或铝箔，再另做一张天线阳图的丝网印版，用网印的方法将抗蚀剂印在铜或铝的表面上，保护下面的铜或铝不受腐蚀剂侵蚀，而未被抗蚀剂膜覆盖的铜或铝会被腐蚀剂溶解掉，露出底基，最后涂上脱膜液去除抗蚀膜露出金属层，进而制成天线。这种方法的优点是制造良率较高、天线性能优异且稳定值高，而缺点是制造程度烦琐、产出较差，且大部分铜箔薄膜被蚀刻剥离而浪费掉，所以成本昂贵，一般来说成本是丝网印刷法的两倍。另外，由于有酸碱废液的排放，无法满足环保要求。

图2-55是采用蚀刻法制备的标签，高频标签相对于超高频标签来讲，还会多一个步骤，即需要在天线的背面蚀刻出过桥连接线路，并通过铆钉打孔机在天线端子位置与过桥连接线路端子贯穿打上铆钉而实现连接。

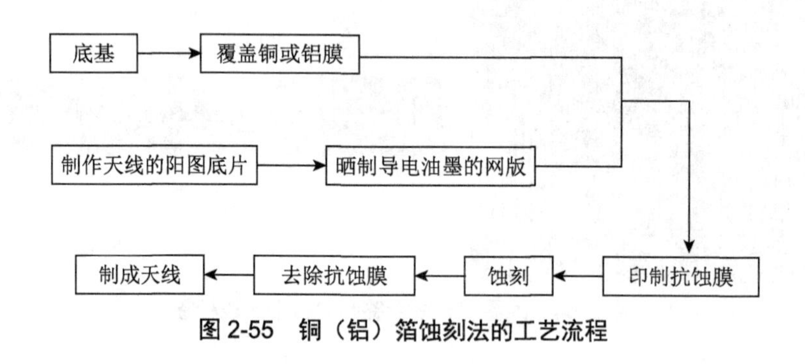


**图2-55　铜（铝）箔蚀刻法的工艺流程**

（三）直接印制导电油墨法

即直接用导电油墨在绝缘基板上印制导电线路，形成天线，也称加法印制。相对于蚀刻法，印制法对基材的兼容性更好，可在薄膜、纸张、陶瓷、布料、纸张上印刷天线。导电油墨是一种功能性油墨，由金属导电微粒银、铜、碳分散在连接料中形成的一种导电性复合材料。在印刷中主要有碳浆、银浆等导电油墨。碳浆油墨是液型热固型油墨，成膜固化后具有保护铜箔和传导电流的作用，具有良好的导电性和较低的阻抗力，它不易氧化，性能稳定，耐酸、碱和化学溶剂的侵蚀，具有耐磨性强、抗磨损、抗热冲击性好等特点。银浆油墨是由超细银粉和热塑性树脂为主体组成的油墨，在聚酯、聚氯乙烯、聚酰亚胺等基材上均可使用，有极强的附着力和遮盖力，可低温固化，具有可控导电性和很低的电阻值。导电油墨印刷到承印物上后，起到导线、天线和电阻的作用。导电油墨印刷方法已从只用丝网印刷扩展到柔性版印刷、凹版印刷等制作方法，较为成熟的制作工艺为网印与凹印技术。直接印制法制作电子标签跟蚀刻法相比主要有三个方面的优点。

（1）传统蚀刻法和电镀法制作金属天线，工艺复杂，成品制作时间长，而直接印制法制作天线是利用高速的印刷方法，高效快速。如今，直接印制法已经开始取代各频率段的蚀刻天线，如超高频段（860 ～ 950MHz）和微波频段（2.45GHz），同时天线的质量可以与传统工艺制作的天线相比拟。

（2）传统蚀刻法制作的金属天线要消耗金属材料，成本较高，而直接印制法的原材料成本要低于传统的金属天线，这对于降低电子标签的制作成本有很大的意义。

（3）传统蚀刻的制作过程会产生大量含金属和化学物质的废液，对环境造成较大的污染，直接印制法采用导电油墨直接在底基上进行印制，不含侵蚀性材料，化学试剂的使用较少或没有，具有“绿色”环保的优点。

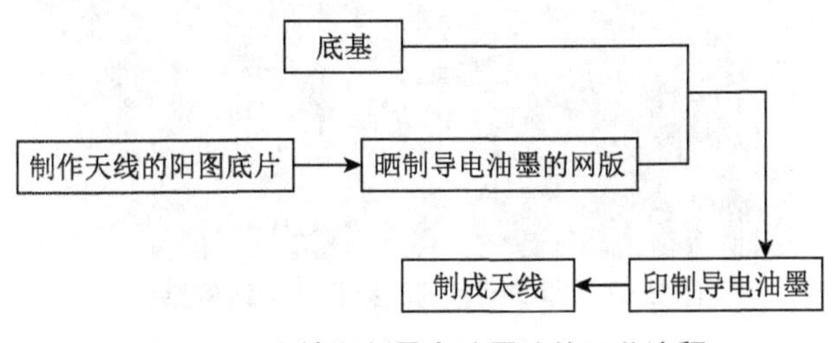


**图 2-56　直接印制导电油墨法的工艺流程**

因此，直接印制法是值得推广和发展的电子标签印制工艺。高频天线要求导电性高、线条精细，适合采用丝网印刷；而超高频天线一般比高频天线薄，柔印、喷印比网印更适合印制超高频天线。比如，柔印和凹印比网印的墨层薄得多，但对于超高频天线足够了，这两种印制方法一般用于印量大的活件，因为柔印和轮转凹印的印制速度为 30 ～ 150m/min。超高频天线的印数决定选择最适合的印制方式。印刷过程中影响印刷天线导电性的因素包括墨层厚度、干燥和烧结条件、基材的表面粗糙度等。目前碳质油墨和银质油墨在射频识别标签的应用中是最为广泛的，国内外一些企业在导电油墨研究方面也取得了突出的成绩。例如，美国 Flint 油墨公司已将导电油墨印出的线路和铜刻蚀的线路在多种射频带中进行了对比，如 860 ～ 950MHz 的超高频、2.45GHz 的微波以及 13.56MHz 的高频等均做过试验，收到了很好的成效。美国 parelec 公司也专门为印制智能标签天线成功开发了 Parmod 导电油墨。针对不同用途，Parmod 油墨在不同的丝网印刷方式下印刷的电路线圈会有不同性能的参数。美国纽约一家名为 T-Ink 的小型公司更是透露使用各种矿物粉料和一些导电的颗粒取代了传统导电油墨的材料银和碳。在国内，如上海宝银公司推出了多种系列的导电油墨（导电浆），武汉三莱科技公司还推出了水性导电油墨，北京印刷学院李路海老师团队开发了适合各种印刷方式的水性纳米银导电油墨，受到部分企业好评。

随着射频识别技术的蓬勃发展，当面对射频识别标签的海量需求时，业界认为轮转丝印、柔印、凹印、凹胶印较高的生产效率可降低电子器件制造生产成本，会被用于印刷射频识别标签天线。如上海永奕公司，正在开发柔印技术制备高频天线，相关的工艺技术正在完善中。

下面以高频标签为例，介绍印刷法制造天线的过程。

图 2-57 印刷制备的高频标签天线的结构

1. 天线设计

射频识别标签的主要技术参数有谐振频率、Q 值和阻抗。为了达到最优性能，在设计改变天线的间距、线宽、匝数、大小时，需考虑标签使用频率、基材选择（介电常数）、使用对象的介质（被贴包装内材料）、芯片的阻抗。低介电常数的基材将导致天线能量的损耗，限制了射频识别系统的读写距离。目前，常用的天线设计仿真软件有 CST、HFSS 等，可以为用户提供完整的系统级和部件级的数值仿真分析和电磁场仿真，提供完备的时域和频域全波算法，使用仿真软件 HFSS 可设计出与芯片阻抗匹配的天线。天线的输入阻抗与芯片的阻抗相匹配是天线设计的关键和难点。

2. 印刷线圈形状的导电线条

射频识别标签天线的印刷既是标签印刷的范畴，也属于线路印刷的一种。生产过程对印刷要求比较严格，精确的印刷位置，严格的油墨附着量，如对导电浆料膜的厚度和导电微粒的数量都有严格控制，并且要考虑印刷分辨率的大小。选择印刷工艺可从印刷量的大小、承印材料的表面性能、油墨或印料的附着性质、成本、工艺过程的特点等方面综合考虑。根据设计图案，可采用丝网印刷、柔印、喷墨印刷导电油墨的方式来实现导电线圈的印刷，印刷选用溶剂型的导电油墨较好，同时要注意油墨干燥条件（如加热温度在 140℃、加热时间在 30 ～ 120s，减小烘箱内的风速），有利于印制线圈图形轮廓的精确成形。另外，需控制印刷速度，避免太快而使不同印张的墨层相互粘连；保持印刷工艺参数的一致性。

3. 过桥的制作

为了使天线和芯片之间形成有效的振荡回路，需要使印刷的线圈闭合，连接天线两端的导路称为过桥。蚀刻天线采用铆钉贯穿连接法，在双面覆金属箔板两面蚀刻出天线线路与过桥连接线路，通过铆钉打孔机，在天线端子位置与过桥连接线路端子贯穿打上铆钉而实现连接，此方法耗材多，污染严重，天线与过桥连接线路的铆钉受环境影响大、可靠性差。绝缘层过桥连接是印刷法制作射频识别标签高频天线最常用的过桥连接方法，只需在底层天线线路上依次印上绝缘油墨（即绿油）层以及过桥连接线路，并且分别进行热固化处理，就可实现天线的过桥连接，操作简单，不存在因印刷偏位产生无法连接的问题，满足射频识别标签的低成本制作要求。标签天线过桥连接线路的闭合可靠性直接影响到天线的合格率。

在干燥固化的导电银线圈上印刷绝缘油墨，并烘箱固化，然后在该绝缘层上方印刷连接起点和终点的导电银浆，并固化形成过桥连接线路。导电银浆天线线路层与绝缘层属于两种不同材质，两者间的固化工艺参数不同，在固化过程时产生不同的收缩率，造成天线层与绝缘层产生局部的微观应力，这可能导致天线过桥连接线路层开裂甚至产生断路的现象。绝缘层的未完全固化会造成过桥连接银浆向绝缘层渗透，当连接线路与底层线路直接接触造成整个天线的短路而无法实现天线电感的要求。此外，还要控制好印刷绝缘油墨层的厚度，防止微观不平整性的出现，避免造成过桥连接导电银浆层的不平整，应适当增厚印刷绝缘油墨层。已固化的绝缘层上印刷导电银浆用作过桥连接线路，导电银浆与绝缘层的附着力不同于导电银浆与基材的附着力，这对过桥连接的挠曲性有影响。

射频识别标签有粘贴在不同形状的物体上的需要，即导电银浆固化后应能抵抗一定的挠曲性。实验发现过桥连接施加挠曲的力后，过桥连接线路的电阻不断增大。这主要是因为当外力施加于固化的导电银浆时会使固化的导电银浆膜层中的树脂产生微观分离或断裂，银颗粒的紧密接触受到破坏，导致过桥连接线路的电阻增大。因此，过桥连接线路挠曲次数不能太多。

4. 天线检测

用于标签印刷领域的质量检测系统有 PrintVision/Helios 全自动标签质量检测系统，可监测各种印刷标签上的缺陷和瑕疵，如标签丢失、文字缺陷、色偏、套准错位、漏印、脏点、排废不完全、模切套准不准、可变数据条码检测等，从而保证标签质量。Helios 可以结合到复卷 / 印后加工设备中去构成一个组合式的自动检测站，或者安装在标签印刷机上做在线质量保障和过程控制。

总之，射频识别标签印刷既是标签印刷的范畴，也属于线路印刷的一种。生产过程对印刷要求比较严格，印刷位置要精确，严格的油墨印料附着量如对导电浆料膜的厚度和导电微粒的数量都有严格控制，并且要考虑印刷分辨率的大小。选择印刷工艺可从印刷量的大小、承印材料的表面性能、油墨或印料的附着性质、成本、工艺过程的特点等方面综合考虑。

### （四）超声嵌入布线法

该方法是通过超声波的方式把铜线嵌入基材内。首先把芯片固定在衬底基材的对应位置上；其次使用超声振动探头将铜丝加热熔解并使之进入薄膜内部，同时在 X-Y 方向上移动探头就可以形成设计好的天线线圈；最后使用电焊设备将芯片与线圈相连。该方法工艺复杂，需要专用设备。

## 五、芯片贴合封装技术

将基板材料上制作好的天线与芯片贴合互联得到标签（Inlay 或 Tag），是射频识别标签封装制造的核心，采用的封装技术也是关系到射频识别标签制造成本的关键环节。现在业界多采用的是裸芯片封装形式，并且都是以卷对卷的方式实现快速和低成本的封装制造。裸芯片封装属于微电子封装技术中的一级封装，主要有引线键合（Wire Bonding）、卷带承载 （Tape Carrier Packaging）和倒装芯片（Flip Chip）。引线键合封装技术是将芯片模块焊接到天线上实现互联，适合绕线天线或蚀刻天线；卷带承载技术是将芯片先转移至可等间距承载芯片的载带上，再将载带上的芯片倒装贴在天线基板，成本较高，不利于推广；倒装芯片技术是通过涂导电胶并加热固化的方法将芯片和天线连接，适合印刷天线或蚀刻天线，具有高性能、低成本、微型化、高可靠性的优势。由于电子标签天线基材大多使用价格低廉的聚酯或纸基，但这些基材不耐高温，因此采用导电胶用于电子标签的封装成为首选。下面介绍倒装芯片技术涉及的导电胶、芯片及封装过程。

### （一）导电胶

导电胶是在聚合物基体中填充金属导电粒子而构成的，其中聚合物基体一般有环氧树脂、氯丁橡胶、聚氨酯、聚酰胺或聚酯等，填充的金属粒子有 Ag、Ni、Cu、Au 等。按照导电方向的不同，可以分为各向同性导电胶（Isotropic Conductive Adhesives, ICA）和各向异性导电胶（Anisotropic Conductive Adhesives, ACA）两大类。前者在各个方向有相同的导电性能；后者在 XY 方向是绝缘的，而在 Z 方向上是导电的，更适合用于射频识别标签制备中。目前各向异性导电胶厂家只有 Sony、Delo 两家可提供，价格较高，核心技术是其中的导电颗粒，是在 30μm 直径的塑料球上镀镍再镀金得到的。

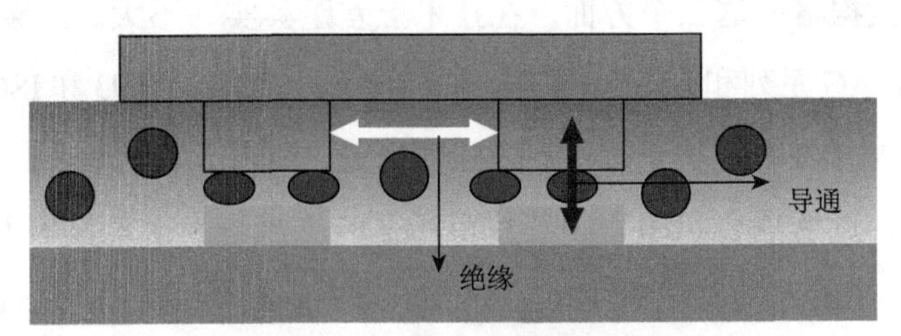


图 2-58　各向异性导电胶导电机理

（二）芯片

芯片也叫晶圆，是基于硅半导体光刻技术制备得到的微电路，微小超薄，边长不到 1mm，厚度为几百微米。芯片作为电子标签记录信息的载体，成本占到整个标签的 1/3 左右。

芯片内部包含射频前端、模拟前端、数字基带和存储器单元四个模块。射频前端模块主要用于对射频信号进行整流和反射调制。模拟前端模块主要用于产生芯片内所需的基准电源和系统时钟，进行上电复位等。数字基带模块主要用于对数字信号进行编码解码以及进行防碰撞协议的处理等。存储器单元模块用于信息存储。具体包括以下几部分电路：电源恢复电路、电源稳压电路、调制电路、解调电路、时钟提取 / 产生电路、启动信号产生电路、参考源产生电路、控制单元、存储器。例如，电源恢复电路需要将标签天线感应出的射频信号通过整流、升压等方式转换为芯片工作需要的直流电压，为芯片提供能量。射频识别标签封装中所使用的芯片凸点数量很少（一般在 2 ～ 6 个），而且间距相对较大（一般在几百微米）。如图 2-59 所示，为某款芯片的光学显微镜图，其上有四个凸点，其中两个用于支撑芯片，另外两个用于和天线连通，需要用各向异性导电胶把这两个凸点与天线连通。

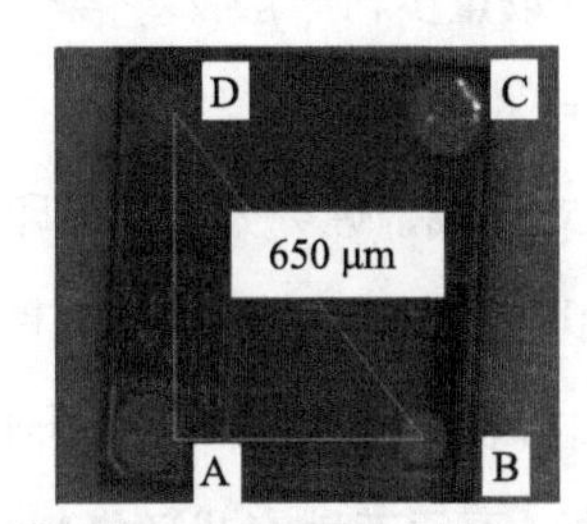


图 2-59　芯片正面光学显微镜图

通信标准是标签芯片设计的核心依据。国际上与射频识别相关的通信标准主要有ISO/IEC、EPC global、UID。三个标准相互之间并不兼容，主要差别在通信方式、防冲突协议和数据格式这三个方面，在技术上差距其实并不大。高频用的芯片包括Mifare系列、NTAG系列和ICODE系列，按标准又分为ISO15693和ISO14443，其中，ISO15693具有穿透性好、抗干扰性能力强的特定，适用于远场耦合；ISO14443具有加密功能，适合近场耦合。超高频芯片市场上的主流基本上是参照ISO/IEC 18000-6C国际标准，代表性的型号有Higgs 3（H3）、Higgs 4（H4）、Impinj M4E Impinj M4QT、Impinj M5—Impinj R6、NXP Ucode 7。

制造标签用的芯片的厂家有ST（意法半导体）、NXP（恩智浦）、Alien（意联）、Impinj（英频杰）等国外企业和复旦微电子、中电华大等中国厂商。每个厂家所提供的芯片依据工作频率、封装形态、通信协议等的不同而各有差异，选择芯片时注意最主要的要看它所符合的频率和标准。

芯片是射频识别标签的关键，由其特殊的结构决定，不能承受印刷机的压力，一般是采用先印刷天线，再将芯片与天线贴合，最后模切的工艺。

### （三）封装过程

蚀刻天线大多是卷材形式，而印刷天线灵活，可以为单张纸、卷材形式，以卷材形式标签生产过程为例，其贴合封装过程包括放卷、点胶、置晶、固化、收卷等过程，具体如下：在天线基板焊盘区域用点胶方法滴涂上一层各向异性导电胶，或者直接采用各向异性导电膜，然后将带有凸点的芯片对准倒扣在基板焊盘上涂有导电胶的区域，采用热压或紫外方法固化，从而实现芯片与天线之间牢固互联。各向异性导电膜的使用可以极大地简化倒装芯片封装工艺。不同厂家的各向异性导电胶，热压固化的温度会有一些差异，一般需在150℃以上固化30s以上。各向异性导电胶封装射频识别标签的优点概括如下。

（1）芯片越来越小，且凸点数量少（一般2～4个），间距相对较大（一般在几百微米），最适宜用各向异性导电胶封装。

（2）无论是绕制天线、嵌入式天线、蚀刻天线或是印刷天线，都可以用各向异性导电胶封装，特别是蚀刻铝天线和印刷天线的盛行，各向异性导电胶几乎成了唯一的选择。

（3）与引线键合和卷带承载封装技术相比，各向异性导电胶封装成本低，封装厚度和体积小，工艺步骤简单易调，无须下填充或环氧料包封。

（4）适用于聚酯、纸基、聚氯乙烯等低温天线基板。

（5）采用喷射式点胶非常适用于高速卷对卷生产。

（6）导电胶技术发展相当成熟，工艺的选择能够灵活多样，如是否手动、自动或批量。

（7）无铅，无须电镀贵金属，绿色环保。

封装设备以进口设备为代表，如 Datacon、Muehlbauer 等，国产设备如上海煜科、津龙日扬、北京德鑫泉等。

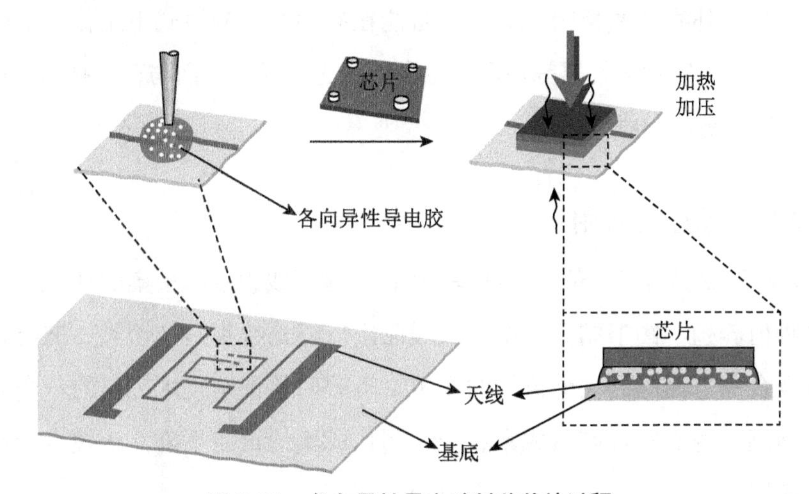


**图 2-60　各向异性导电胶封装芯片过程**

采用各向异性导电胶贴合封装芯片制备了射频识别标签后，需用读卡器对电子标签的识别、读写性能检测并初始化，同时需对芯片黏附牢度、标签的柔韧可靠性和耐湿热性进行测试，防止在使用过程中出现芯片脱落、标签无法读写等问题。

## 六、近场通信技术

近场通信（Near Field Communication，NFC）技术是在非接触式识别和互联技术基础上发展起来的无线近距离通信技术，由飞利浦、诺基亚和索尼主推的无线近距离通信技术标准，填补了连接领域的空白。飞利浦电子在 2004 年 3 月就联合诺基亚、索尼发起并成立了 NFC 论坛。NFC 论坛有两个主要目标，一是引领关于业务模式及服务的讨论；二是实现具备 NFC 技术的设备间的互联互通。NFC 近距离通信是基于频率为 13.6MHz 的射频技术，典型操作距离只有几厘米，数据交换率目前为 424KB，将来可提高至 1MB 左右。NFC 和现有的射频识别基础设施兼容，符合 ISO/

IEC18092 和 ECMA340 标准；同时，NFC 也能与非接触式智能卡连接，兼容广泛建设的基于 ISO/IEC 14443A 的非接触式智能卡基础设施。

NFC 用于快速建立各种设备之间其他类型的无线通信，可作为一种虚拟连接器。NFC 技术可以满足任何两个无线设备间的信息交换、内容访问、服务交换，并且使之更为简约——只要任意两个设备靠近，不需要线缆接插，就可以实现相互间的通信，这将使任意两个无线设备间的“通信距离”大大缩短。在无线设备环境中，NFC 无须通过复杂的菜单就能建立连接，实现在非接触式智能卡、射频应答器等设备间的相互通信。与红外线技术相比，NFC 设备能在有源和无源模式下工作，从而实现在非接触式智能卡、射频应答器等许多无源设备间进行通信。而与蓝牙技术对比，NFC 技术可以实现对等的一对一通信。

### 七、射频识别标签的应用

每个射频标签具有唯一的电子编码，可以实时无线识别和采集信息，在交通运输、农畜作物种植养殖、图书馆、门票等领域应用广泛，特别是在酒类、肉类、药品、乳制品以及食品方面起到安全监管的作用。阻碍射频识别技术应用的一个重要因素就是成本问题。随着芯片制造成本和天线制作成本的日益下降，该技术会在更多的领域得到应用。

## 第六节　透明电极制造技术

透明电极作为一种功能元器件，既可以透过可见光，也可以传输电流，已广泛应用在现代电子器件中，如触摸屏、液晶显示器、有机发光二极管、太阳能电池、电子纸等领域。透光率和电导率是透明电极的关键参数，由于透明电极的透过率与电导率存在此消彼长的关系，单一比较透过率 $T$ 或面电阻 $R_s$ 无法对其性能进行准确评价，一般通过品质因子 $F=T/R_s$ 来综合评价透明导电材料的性能。

金属氧化物薄膜是研究最早、应用最广泛的透明电极材料，以锡掺杂的氧化铟（ITO）薄膜为代表，其具有良好的导电性和透光率。然而，ITO 薄膜制作需要高温真空蒸镀工艺，且铟是稀有金属，导致 ITO 薄膜的成本昂贵；同时其易碎、红外光透过率低。随着可穿戴电子、柔性显示技术的发展，对透明电极在柔性化方面也提出了较高的要求，因此代替 ITO 的新型导电材料不断出现，包括氧化锌、二氧化锡等金属氧化物，聚乙撑二氧噻吩导电高分子聚合物，石墨烯，金属银网格等。金属氧化物薄膜虽然具有很好的导电性和透光率，但制备过程需要磁控溅射、真空等条件，限制了其大规模生产。导电高分子薄膜可通过旋涂、印刷等溶液法，但导电性差一些，单独做电极没有 ITO 优秀，往往被用作电极与有机层之间改善界面性能。金属银网格电极能媲美 ITO 电极的性能，同时可通过印刷方式制备，被认为是可代替 ITO 的价格低廉的透明电极。石墨烯基的透明电极由于特殊的性能正在被广泛研究。

## 一、金属网格状透明电极制造技术

### （一）金属网格状透明电极简介

金属银网格电极具有与传统ITO相媲美的导电性能和透光率，其制备工艺更简单、更节约材料，特别是对于 ITO 在短波长处透光率急剧下降的情况下，银网格电极的透光性能在全波长范围内都能保持一致。此外，银网格电极的基材选择性更多，如可选择柔性的 PET 作为基材。最重要的是可采用溶液法加工，实现卷到卷生产。金属网格电极的优势是透光率好、制造成本低、可挠性高，国内外已有厂商推出金属网格透明电极，如 MNTech、Fujifilm、3M、PolyIC、欧菲光，目前研究比较多的银网格电极有规则正方形、蜂窝状、平行线条状等。

金属银网格线本身不透光，光学通过网格线之间的空白透过，电荷通过银线传输。因此，表面电阻与透光率是由银的厚度、面积占有比决定，电极的表面电阻与银的面积占有比成反比，与银的厚度成反比；电极的透光率与银的面积占优比成反比。如作为太阳能光伏器件、有机发光二极管发光器件，银网格线的宽度即使肉眼可见也没关系，但要用于触摸屏则要求银线的线宽必须小于肉眼无法分辨的宽度（25μm 以下）。

对于规则图形的银网格电极，可从理论上计算其方阻、透光率。例如，正方形网格状电极的填充因子：

$$f_F = \frac{W}{G+W}$$

其中，$W$ 为银线线宽，$G$ 为银线之间的间距。

方块电阻 $R_s$ 与透光率分别为：

$$R_s = \xi \frac{\rho_G}{t_G f_F} \quad T_{OT} = T_S\left(1 - f_F\right)^2$$

这里 ξ 为修正因子，$\rho_G$ 为银的电阻率，$t_G$ 为银网格的厚度，$T_S$ 为基材的透光率。可通过改变填充因子来获得不同方块电阻与透光率的薄膜电极。

（二）金属网格状电极制作方法

金属网格的制作方法主要有化学沉积法、涂布法、印刷法等。化学沉积法制作过程相对简单，但很难精确控制薄膜电极的参数。印刷法是在基底上印刷金属纳米粒子的方式制备，具有工艺简单、成本低、可量产等特点，印刷技术包括喷墨打印、柔印、凹胶印、纳米压印、微接触印刷等。

喷墨打印具有快速、灵活、无须制版等优点，已被广泛应用到印刷电子研究中制备精细导线，打印的线宽受限于喷孔的直径。为了在现有喷头精度的条件下进一步提高喷墨打印分辨率，中科院化学研究所宋延林组利用喷墨打印银墨滴过程中的咖啡环效应组装得到高精度线路网格，其中控制喷墨打印过程中墨滴在基底上的润湿性和基底温度是关键，使基底上的液滴在干燥过程中从线的中心处破裂形成咖啡线，从而得到 5μm 以下宽度的金属网格，如图 2-61（a）所示。北京印刷学院李路海课题组采用微接触印刷银纳米粒子的方式，通过两次转印在聚酯基底上制备了 10μm 线宽的方形网格透明电极，如图 2-61（b）所示。同时，该组采用柔印的方式在聚酯基底上制备了三角形、正方形和六边形三种形状的银网格电极，并进行理论光透过率分析和实验验证，证明六边形网格基元具有最优越的透光性能，并将其作为透明电极应用在薄膜太阳能电池中，如图 2-61（c）所示。苏州纳格光电公司借助纳米压印高精度的优势，利用纳米压印与纳米银浆刮涂相结合的方法制备银网格透明电极，如图 2-61（d）所示，将 50 nm 以下的纳米银颗粒“印”在压印得到的模板内，该方法过程简单、节能环保，银线的附着力高，并且线宽可达到 5μm 以下。

银网格透明电极有望替代 ITO 成为新型、价格低廉的透明导电电极，但其要走向大规模商业化应用还面临附着力低和热处理时间长的问题。

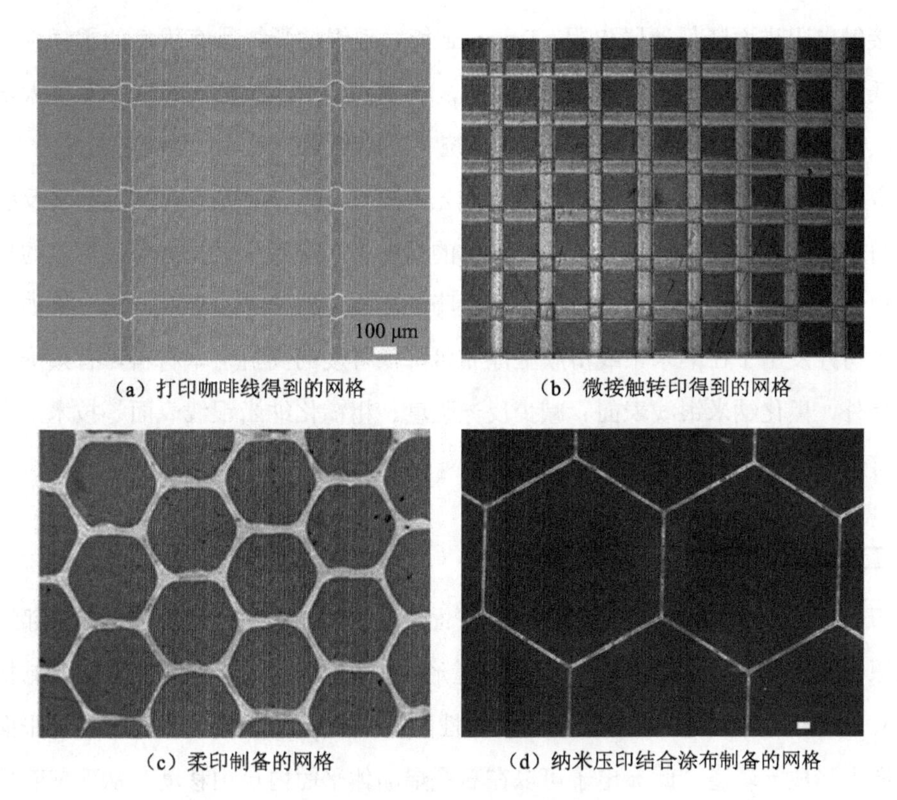


（a）打印咖啡线得到的网格　（b）微接触转印得到的网格

（c）柔印制备的网格　（d）纳米压印结合涂布制备的网格

图 2-61　金属网格状透明电极

## 二、金属纳米线透明电极制造技术

金属银纳米线具有高的纵横比、高的电导率（$6.3 \times 10^7$S/m），制备过程简单、经济。目前，对于金属纳米线作为透明电极，以银纳米线和铜纳米线研究较多。金属纳米线透明电极是由多层纳米线堆砌形成的不规则网状结构，相对于金属网格电极，金属纳米线电极具有较小弯曲半径，且在弯曲时电阻变化率较小，可应用在具有曲面显示的设备，如可穿戴电子设备的智能手表、手环、电子皮肤等。金属纳米线薄膜在纳米线本身内和纳米线之间来传输电子，其电阻包括本征电阻和接触电阻两部分；在纳米线之间的空隙透过光线。

金属纳米线薄膜电极一般可采用卷到卷印刷或涂布技术制造，纳米线的长径比（线长 / 线直径）、平滑度和纯度等因素对透明电极的性能影响极大，这主要是由于纳米线之间具有接触电阻，通常需要对干燥后的纳米线薄膜焊接处理来降低接触电阻。例如，Hu 等通过挤压成型、金属电镀融合纳米线之间的结点，降低其表面粗糙度和接触电阻进而降低薄膜电阻。Peumans 等发现银纳米线具有优良的柔韧性，并且方阻低至 10.8Ω/□时，透光率高达 84.7%，将该银纳米线结构用于制备有机太阳能电池时，得到的短路电流比相似结构的用传统 ITO 膜制得的有机太阳能电池高出 19%。

金属纳米线作为透明电极的优点是透光率较好，但缺点是会有严重的漫反射，即雾度问题。这会导致在室外场景光线照射的情况下，屏幕反射光强烈，严重的时候会使用户看不清屏幕，可采用一些技术手段降低光漫反射来解决雾度问题。例如，日产化工公司开发出了在纳米银线薄膜上涂布可降低雾度的高折射率材料，有效降低雾度值。另外，黑化纳米银线表面、减少反光强度、粗糙化纳米银线表面等技术，也可以改善雾度的问题。

## 三、二维材料透明电极制造技术

石墨烯是由单层碳原子组成的二维平面结构，每个碳原子通过 σ 键与邻近的三个碳原子相连接，s、$p_x$、$p_y$ 三个杂化轨道形成强的共价键合，组成 $sp^2$ 杂化结构，具有 120° 的键角，赋予石墨烯极高的力学性能。剩余的 $p_z$ 轨道的 π 电子在与平面垂直的方向上形成 π 轨道，此 π 电子可以在石墨烯晶体平面内自由移动，从而使石墨烯具有良好的导电性。尽管它仅有单原子厚度，但具有光学可视性，理想单层石墨烯在可见光范围内的透光率为 98 %。因此，石墨烯适合用作透明导电材料，并且与传统的 ITO 薄膜相比，石墨烯透明导电薄膜，表现出高柔韧性、高化学稳定性和高红外光透过性等诸多更为优异的性能，其丰富的资源、超低的成本等优点使其成为替代传统 ITO 透明导电薄膜的不二选择。

石墨烯尺寸越小，组装的透明导电膜电阻就会越大。因此，石墨烯的尺寸控制制备对于其应用是非常必要的。相对于其他制备方法，采用化学剥离法制备石墨烯，其工艺简单、尺寸可控，且成本低、可以实现石墨烯大量制备。化学剥离法是先通过化学反应得到氧化石墨，再经超声剥离氧化石墨为氧化石墨烯并分散到水中，最后离心去除未完全剥离的氧化石墨得到氧化石墨烯。因为氧化石墨烯含有大量的含氧官能团使其带有负电荷，从而使其相互之间具有静电排斥作用，因此，可以在水及其他一些极性有机溶液中形成稳定的分散液。因此，石墨烯透明导电薄膜的制备大多以氧化石墨烯为原料。

以石墨烯水溶液为原料制备石墨烯薄膜的方法灵活多样，石墨烯薄膜可以沉积或转移到不同的基底上，如 $SiO_2/Si$、玻璃、石英、聚对苯二甲酸乙二醇酯（PET）、聚甲基丙烯酸甲酯（PMMA）等。由于氧化石墨烯已经实现宏量制备，而且在水中具有良好分散性。因此，目前许多研究大都以氧化石墨烯为原料来制备石墨烯薄膜。利用氧化石墨烯的水溶性，通过比较简单的方法，如旋涂、浸涂、真空抽滤等，制备石墨烯透明导电膜。由于氧化石墨烯上的含氧官能团将石墨烯结构部分破坏（$sp^2$ 结构转化为 $sp^3$ 结构），因此氧化石墨烯呈现出绝缘性。所以，如果将化学法制备的氧化石墨烯应用于透明导电膜中，就必须找到有效的方法将含氧官能团去除，在一定程度上还原石墨烯原始的结构，恢复其导电性，如热退火还原、水合肼还原和氢碘酸还原等。

（一）旋转涂覆法

目前已见报道的旋转涂覆法制备石墨烯薄膜所用的原料还只有氧化石墨烯。为了提高氧化石墨烯片与基底的相互作用力，在旋转涂覆前需对基底表面做一些处理，如氧化或涂上有机膜等，提高基底的亲水性。之后将准备好的氧化石墨烯分散液滴到基底上，调节基底转速，使液体在基底上均匀铺展，干燥后得到氧化石墨烯膜。Robinson 等人将氧化石墨烯分散到乙醇中，制膜时用 $N_2$ 吹扫，加快溶剂的挥发，在 $Si/SiO_2$ 表面沉积得到纳米级的薄膜。经肼还原后，他们将膜连基底一起浸入 NaOH 溶液中，石墨烯膜漂浮在液面上，用新基底捞出后实现膜的转移。YangYang 等人用氧化石墨烯与碳纳米管的混合分散液，旋转涂覆在不同的基底上得到复合透明导电薄膜。研究表明，经氯掺杂后这种膜的透光率为 86 % 时，方阻仅为 240 Ω/ □，性能超出相同条件下制得的纯石墨烯膜和碳纳米管膜。

旋转涂覆法制备石墨烯膜过程中主要控制两个因素，一是氧化石墨烯分散液，二是转速。提高转速可以加快溶剂挥发，减小膜的厚度。

（二）真空抽滤法

在用氧化石墨烯 / 石墨烯分散液抽滤前，通常需将其稀释至低浓度（0.1 ～ 0.5 mg/L）。然后快速真空抽滤，将氧化石墨烯 / 石墨烯片沉积到滤膜（微孔混纤膜 / 氧化铝膜）上，再转移到不同基底上如玻璃、聚酯等。混纤膜可以用丙酮溶解，氧化铝膜可以用氢氧化钠溶液溶解。过滤沉积法制备石墨烯薄膜的过程中，氧化石墨烯 / 石墨烯片受水流的控制，自动流向滤膜的空白处，首先会将整个滤膜均匀覆盖，再沉积第二层。在液体流动的压力下，层与层之间接触得更为致密，因此，这种方法得到的石墨烯膜致密性、均匀性较好。膜的厚度也可以通过分散液的使用量控制，但是薄膜的尺寸受到真空过滤设备的限制，不能实现大面积制膜。

（三）喷涂沉积法

喷涂法是用专业的喷雾枪将石墨烯分散液喷涂到预热的基底上，待溶剂完全挥发后得到石墨烯薄膜的过程。喷雾枪的作用是雾化分散液，形成小液滴。预热基底是为了保证液滴沉积到基底上后，溶剂能迅速蒸发，避免石墨烯片的团聚，从而得到均匀的薄膜。喷涂法生产效率高，可用于制备大面积的薄膜。喷涂可以在任意基底上进行，制备过程一步完成，无须转移而引起膜的破坏，操作简便。但是，该方法制得膜的均匀性不是很好。

## 四、复合材料透明电极制造技术

近年来，研究者将不同种类的导电材料复合来制备透明电极，目的是结合不同材料的优势，提高透明电极的导电性、透光性、稳定性、耐用性、柔韧性等，实现低成本、高效性、批量化、应用广等目标。通常采用相互掺杂或多层混合的方式制备复合透明电极，如ITO/碳纳米管、ITO/金属、碳纳米管/石墨烯、碳纳米管或石墨烯/PEDOT：PSS、碳纳米管/金属纳米粒子等。

（一）基于传统材料的复合

ITO与金属纳米粒子结合，可降低因ITO自身易碎、非柔性等缺点而导致电阻增大的问题。如采用多层ITO/Ag/ITO（ITO厚度为50 nm，Ag层厚度为8nm）的堆积结构，在550nm处的透光率为90%，方块电阻为15Ω/□，在弯曲度上增加了电子稳定性。也可将ITO与碳纳米管结合，在ITO断裂缝隙时增强电子稳定性；或将碳纳米管直接生长在ITO上，提高空穴提取能力。这种复合透明电极可应用在电阻式触摸屏或其他柔性器件。

（二）基于新材料的复合

基于新材料的复合制备的透明电极比单一材料制备的透明电极要好，在性能上得到很大提高，包括导电聚合物与碳纳米管或石墨烯复合、导电聚合物与金属网格复合、导电聚合物与金属纳米线复合、金属纳米线与氧化物复合、金属纳米线与碳纳米管或石墨烯复合等。

（1）导电聚合物与碳纳米管或石墨烯复合。石墨烯的功函数相对低（大约4.4eV，ITO为4.7～4.9eV），会导致在石墨烯阳极和上方的有机层之间注入空穴，限制了其作为有机光电器件的阳极的应用。此外，石墨烯表面电阻低，需要施加高的操作电压，因而限制了其作为光电器件的发光效率。采用导电聚合物 PEDOT 与石墨烯复合可提高功函数获得高的电流效率，同时可降低石墨烯材料的接触电阻，提高整体的光电性能。

（2）导电聚合物与金属网格复合。Kim 等采用凹胶印方式制作 PEDOT ∶ PSS 与银网格的复合电极，透光率达到 89.9%，方块电阻为 29.4Ω/ □，比目前的 ITO 性能要好，如图 2-62（a）所示。Zou 和 Galagan 利用微接触印刷或丝网印刷的方式制备了正方形或蜂窝状网格状电极，然后再旋涂 50nm 厚的 PEDOT ∶ PSS 层形成一种混合透明电极，并用这种电极制作出倒置结构的有机太阳能电池，光电转化效率接近于基于 ITO 的有机太阳能电极。

（3）导电聚合物与金属纳米线复合。Gaynor 等人将银纳米线嵌入导电聚合物，形成的复合电极可替代 ITO，作为有机光伏的透明电极，提升了有机光伏电池的性能，得到高质量器件。这种复合过程不需要真空或高温处理，且具有很好的机械应力。Kim 等人通过刷涂的方式，如图 2-62（b）所示，将银纳米线嵌入 PEDOT ∶ PSS 层中，得到 PEDOT ∶ PSS/Ag 纳米线 /PEDOT ∶ PSS 的多层柔性电极，结合了 PEDOT ∶ PSS 的柔性和银纳米线的低电阻率，使薄膜电阻可达到 13.96Ω/ □，透光率达到 80.48%，主要应用在柔性太阳能电池中。经过弯曲测试，电极的电阻基本不改变，比较稳定。

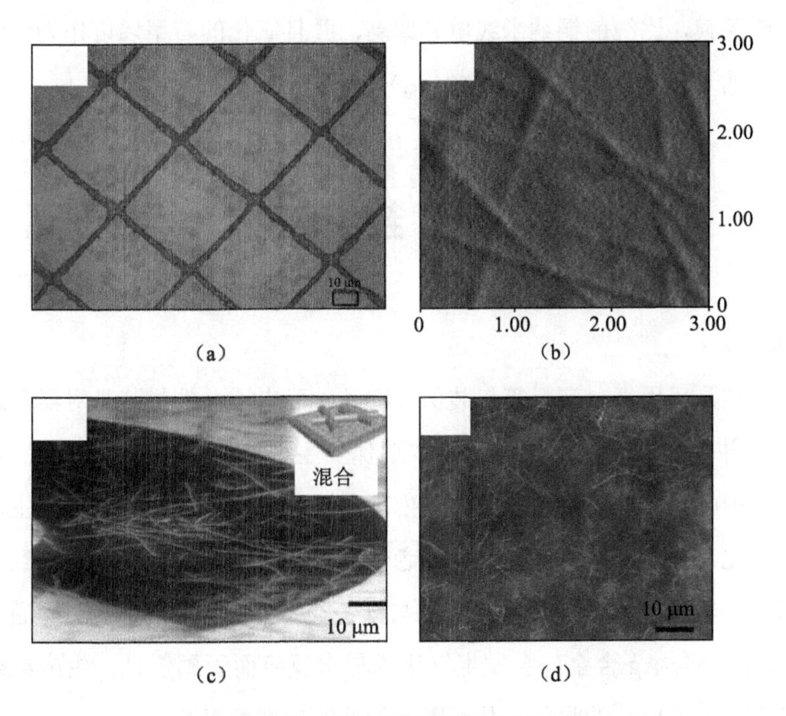


图 2-62　复合材料制备的透明电极

（4）金属纳米线与氧化物复合。Zilberberg 等研究出银纳米线与溶胶—凝胶法得到的锡氧化物或原子层沉积法得到的铝掺杂的氧化锌复合，复合后的薄膜电阻低至 5.2 Ω/ □，透过率为 87%，同时纳米线与基底的附着力也得到提高，而且使整个复合层成为电接触器件的有效面积。Kim 等制备了铝掺杂的氧化锌 / 银纳米线 / 铝掺杂的氧化锌 / 氧化锌多层复合电极，优于其他溶液法的透明电极，应用在铜铟镓硒薄膜太阳能中，能量转化效率为 11.03%，作为一种具有成本效益、可持续的替代电极，在光电子和光伏器件中具有潜在应用。

（5）金属纳米线与碳纳米管、石墨烯复合。Stapleton 等报道了一种基于溶液处理法得到的银纳米线 / 单壁碳纳米管透明电极，由于碳纳米管和银纳米线网络相互交织和增强了次级导电路径，在单壁碳纳米管质量分数为 50% 时，达到极好的光学和电学性能。Alam 等将化学气相沉积的单层石墨烯与银纳米线复合，如图 2-62（c）所示，石墨烯的高电阻的晶界被银纳米线导通，银纳米线的高电阻被石墨烯导通，获得薄膜电阻为 22Ω/ □、透光率为 88% 的透明电极，并且稳定性、机械压力、机械柔性等均优于 ITO 电极。Moon 等在 PET 上采用氧化石墨烯分散液和银纳米线复合，得到均一性好、薄膜电阻低、透光率高、大面积、柔性的石墨烯 / 银纳米线 /PET 的透明电极。除采用石墨烯与银纳米线外，Kholmanov 等用氧化石墨烯与铜纳米线复合得到高附着力的混合透明薄膜，比纯的铜纳米线电导率高，并且氧化的石墨烯可作为铜纳米线的保护层阻止铜纳米线的氧化，如图 2-62（d）所示。

# 第七节　封装技术

## 一、封装目的

广义的封装是采用纸、塑料等包装保存物品。而电子器件封装是对器件进行物理和化学保护，并延长器件的工作寿命。物理保护主要是防止器件被划伤，而化学保护是阻挡环境中的水汽、氧气渗透到器件内部，阻止与器件部分功能层发生反应，防止加速器件老化。例如，有机发光二极管老化后在发光区域形成黑斑，导致发光区域面积逐渐减少，器件整体发光亮度下降（与灯管类似）。这是由于其阴极通常为 LiF/Al、Ag、Li-Al、Mg-Ag 合金，会发生氧化或与水反应而受到侵蚀，生成绝缘物质，影响载流子的注入或电荷的收集，从而影响器件的效率和寿命。

封装时需考虑器件材料包括基底、功能层所能承受的温度，如有机发光二极管封装温度不宜超过 100℃。同时，还需考虑光透过性的问题（针对光电转换器件），尤其是有机发光二极管、有机光伏器件。

## 二、封装原理及检测

塑料基底水氧渗透速率为 $0.5g/m^2 \cdot d$ 左右，而有机发光二极管要求水汽渗透率 $5\times10^{-6}g/m^2 \cdot d$、氧气渗透率 $10^{-3}cm^3/m^2 \cdot d$。因此，需使用特殊涂层增加衬底阻挡水氧渗透。

水氧渗透速率测试是基于 Ca 膜腐蚀法通过电导率变化（由于 Ca 活泼，与水、氧都能反应）。

## 三、封装技术

### （一）传统盖板封装

目前，商业的 OLED 产品采用薄的不锈钢等金属或玻璃盖板封装，盖板与有机发光二极管衬底之间用环氧树脂密封，并用 CaO 或 BaO 贴片干燥延长产品寿命。若不用干燥片仅靠环氧密封胶不够。

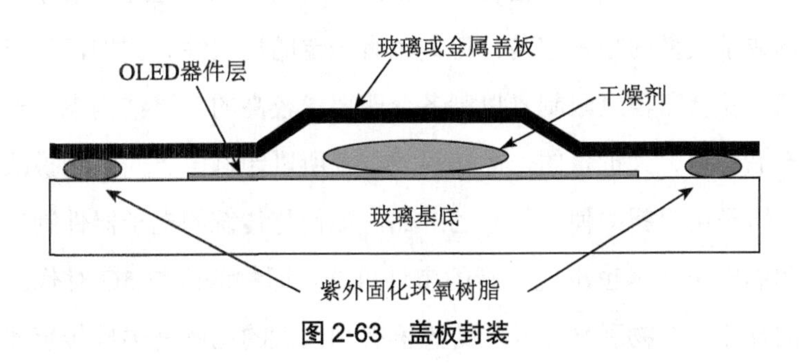


图 2-63　盖板封装

### （二）薄膜封装

20 世纪中期，在塑料表面沉积金属铝，到 20 世纪 80 年代，沉积 $SiO_x$ 、$AlO_x$ 等氧化物成为常规方法。具有工艺流程少、封装边缘厚度薄、封装成本低、可用于柔性器件的优点。先在衬底上沉积阻挡层，再清洁处理后制备图案化阳极及有机发光二极管功能层，最后制作封装层，相当于把含有机发光二极管器件的衬底再做一次水氧阻挡层。

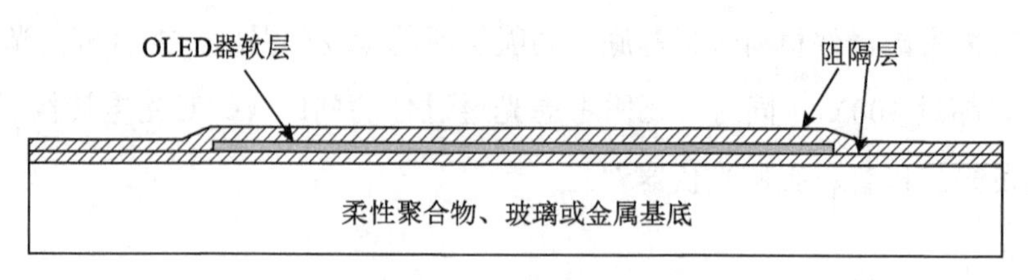


图 2-64　柔性薄膜封装

薄膜封装技术中又可分为单层薄膜封装、多层薄膜封装。单层薄膜封装工艺简单、可一步到位，但无机膜层的缺陷使抗水氧渗透性能偏低。无机单层膜制备方法包括物理气相沉积、等离子体增强化学气相沉积（PECVD）、原子层沉积、等离子增强的原子层沉积。如用等离子体增强化学气相沉积法沉积单层阻挡膜的常规材料是 $SiO_x$、$SiN_x$，可实现低温沉积，能够满足有机电子封装对低温的要求。多层膜是多个单层膜组合形式的封装，在单层封装的基础上再用其他方法或材料沉积阻挡层，如全无机的双层膜、有机层与无机层组合的多层膜。有机层和无机层组合是通过有机层中断无机层的缺陷复制，即当有机层十分平滑时，有利于减少无机层的缺陷，从而提高性能。当无机层 / 有机层结构单元数目在 4 ～ 5 时，多层膜的阻挡性能可提高 3 ～ 4 个数量级。

印刷电子技术研究主要集中在材料、工艺、应用领域，经过十余年的发展，已经在这几方面形成了大量的技术储备，但其也有一定的局限性。例如，分辨率远低于传统微纳米加工、受套印精度限制难以制备套印要求较高的多层结构电子器件、产品难与传统电子产品竞争、大批量的产品需求较少。所以印刷电子面临的挑战是如何创造具有差异化、给予用户新的使用体验的产品，如何与传统的电子器件制造技术结合。

同时，印刷电子技术也出现了新的市场机遇，即物联网与 5G 时代的到来正在加速改变传统的行业。在物联网需要的传感器有相当大的比例是柔性传感器，印刷电子技术将是柔性传感器制备技术中具有竞争力的技术。近年来的柔性混合电子技术即是在此背景下发展起来的，其通过印刷互联将商用的硅基集成电路芯片与元机集成到柔性基底上，形成具备完整功能的柔性电子系统，既体现了印刷电子的大面积、柔性化、加法制造的特点，又充分发挥了微电子集成电路的强大功能。

## 思考题

1. 对于电阻可采用两点探针法计算块体的电阻率，已知某印刷的银线条两端电阻为 R=1.6Ω，线条宽度为 b=0.9mm，厚度约 0.01mm，长度为 l=75mm。试计算该银线条的电阻率、电导率。

2. 从打印过程、对墨水的性能要求方面，简要对比喷墨打印、气溶胶打印、电动力学打印三种打印方式。

3. 简述凹胶印与凹印的印刷过程，对比凹胶印相对于凹印的优势。

4. 简述 RFID 系统的组成及工作原理，描述高频标签的制造过程。

5. 简述传统热烧结银纳米粒子的机理和过程。

6. 简述光子烧结的类型，其对应的机理是什么。

7. 简述常见的电子器件封装方法，各有什么特点。

# 第三章　3D 打印技术原理与技术

## 第一节　3D 打印概述

在 20 世纪 80 年代，随着世界科技的不断进步与材料技术的飞速发展，3D 打印技术逐步走进了人们的视野。近年来更是成为全球关注、有革命性意义的印刷制造技术。1986 年，美国人 Charles Hull 研究开发出世界上第一台 3D 打印机，但是并没有市场化。到了 21 世纪，3D 打印技术获得了飞速发展，2005 年世界首台彩色 3D 打印机问世；2011 年世界上首架 3D 打印的飞机模型被南安普顿大学研究人员开发出来。据报道，2012 年 3D 打印机以及其应用市场达到了 22 亿美元，比 2011 年增长了 29%，显现出了一种飞速发展的趋势，英国《经济学人》杂志甚至认为它将“与其他数字化生产模式一起推动实现第三次工业革命”，可见其引起社会各行业的高度关注。

3D 打印技术是以计算机 3D 设计模型为基础，创造性地采用离散堆积的成型原理，通过特定的软件对模型进行分层切片，切成上千万个薄层，然后将这些薄层的数字化文件输出到打印机，3D 打印机逐层打印出来，直到将整个形状叠加成型。

3D 打印技术又被称为快速成型、快速模型、直接制造技术，主要反映这项技术“快速实现”的特征。这项技术出现的几十年间，国内一直以这样的特点来给其命名。现在，国内将这项技术称为“3D 打印”，它形象化地强调了立体结构，便于一般人理解并容易引起更多人的关注。也有人将其称为自由成型技术，这主要强调了它可以成型任意复杂形状的 3D 实体物件。在美国，3D 打印技术被称为“增材制造”，这是从成型学的角度来命名这一技术的，事实上它是增材制造（Additive Manufacturing）技术中的一种，现在普遍被用来描述增材制造行业。

3D 打印技术的基本原理其实很简单，它是以模型文件为基础，运用光敏树脂或聚乳酸等材料，通过层层打印的方式来制造物件的技术。一个完整的 3D 打印过程，首先是通过计算机辅助设计（Computer Aided Design, CAD）或其他计算机软件辅助建模，然后将建成的三维模型“切片”成逐层的截面数据，生成打印机可识别的文件格式（通常为 STL 格式文件），并将这些信息传送到 3D 打印机上，3D 打印机会根据切片数据文件的描述来控制机器将这些二维切片堆积起来，直到一个固态物体成型。在 1988 年 3D Systems 公司发明了一个可以进行信息交换的文件格式，即为 STL 文件格式。STL 文件是由一个乃至多个三角面片（Triangular Facet）的定义形成，三角面片的定义包括三角形每个顶点的三维坐标以及三角形面片的法量和矢量。STL 文件格式简单，只需要描述三维物体的几何信息，并不含有颜色材质等信息，是计算机图形学处理、数字几何处理、数字几何工业应用和 3D 打印机支持的最常见文件格式。

## 第二节　3D 打印技术特征及常见工艺

根据成型方式不同，目前最常用的 3D 打印技术工艺有光固化立体成型（SLA）、选择性激光烧结工艺（SLS）、熔融沉积成型工艺（FDM）、三维打印成型工艺（3DP）等。尽管技术有所不同，但它们都是基于先分层后逐层叠加的原理，将材料一层层堆积成立体模型。

### 一、光固化立体成型（SLA）

光固化立体成型工艺（Stereolithography Apparatus，SLA）又称立体光刻成型工艺。该工艺最早由 Charles W. Hull 于 1984 年提出并获得美国国家专利，是最早发展起来的生物印刷技术之一。Charles W. Hull 在获得该专利两年后便成立了 3D Systems 公司，并在 1988 年最先推出了商业化产品，之后 SLA 工艺得到了快速发展与应用。SLA 工艺是目前世界上出现最早、研究最为深入、技术最为成熟、应用最为广泛的一种 3D 打印技术工艺。

SLA 工艺以光敏树脂作为材料，采用材料逐层叠加原理，在计算机的控制下通过紫外激光对液态的光敏树脂进行扫描从而让其逐层凝固成型，SLA 工艺能以简洁且全自动的方式制造出精度极高的几何立体模型。图 3-1 是 SLA 工艺的基本原理。

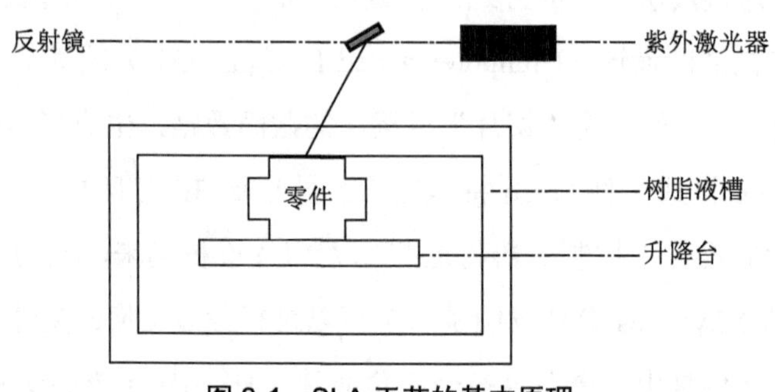


图 3-1　SLA 工艺的基本原理

在树脂液槽中盛满透明、有黏性的液态光敏树脂，它在紫外激光束的照射下会快速固化。成型过程开始时，可升降的工作台处于液面下一个截面层厚的高度。聚焦后的激光束，在计算机的控制下，按照截面轮廓的要求，沿液面进行扫描，使被扫描区域的树脂固化，从而得到该截面轮廓的塑料薄片。SLA 工艺成型效率高，系统工作也相对稳定。虽然 SLA 工艺尺寸精度高，可以做到微米级别，但是成型的尺寸也有很大的限制，不适合制备体积大的物件，比较适合做小件及较精细件；成型件的材料价格较昂贵，强度、刚度、耐热性有限，不利于长时间保存；而且光敏树脂对环境有污染，会使人体皮肤过敏。光敏树脂固化后较脆，易断裂，所以需要设计工件的支撑结构，以便确保在成型过程中制作的每一个结构部位都能可靠定位，支撑结构需在未完全固化时手工去除，容易破坏成型件，成型件易吸湿膨胀，抗腐蚀能力不强。此外，使用 SLA 成型的模型还需要进行二次固化，后期处理相对复杂。

## 二、选择性激光烧结工艺（SLS）

选择性激光烧结工艺（Selective Laser Sintering，SLS）最早是由美国学者 C.R.Dechard 于 1989 年在其硕士论文中提出的，随后 C.R.Dechard 创立了 DTM 公司并于两年后发布了基于 SLS 技术的工业级商用 3D 打印机 Sinterstation。

二十多年来奥斯汀分校和 DTM 公司在 SLS 工艺领域投入了大量的研究工作，在设备研制和工艺、材料开发上都取得了丰硕的成果。德国的 EOS 公司针对 SLS 工艺也进行了大量的研究工作并且已开发出一系列的工业级 SLS 快速成型设备，在 2012 年的欧洲模具展上 EOS 公司研发的 3D 打印设备大放异彩。目前，在国内也有许多研究单位开展了对 SLS 工艺的研究，如华中科技大学、华北工学院、北京航空航天大学、中北大学、武汉滨湖机电产业有限公司以及北京隆源自动成型有限公司等。

SLS 工艺使用的是粉末状材料，激光器在计算机的操控下对粉末进行扫描照射而实现材料的烧结黏合，就这样材料层层堆积实现成型，如图 3-2 所示，为 SLS 的成型原理。

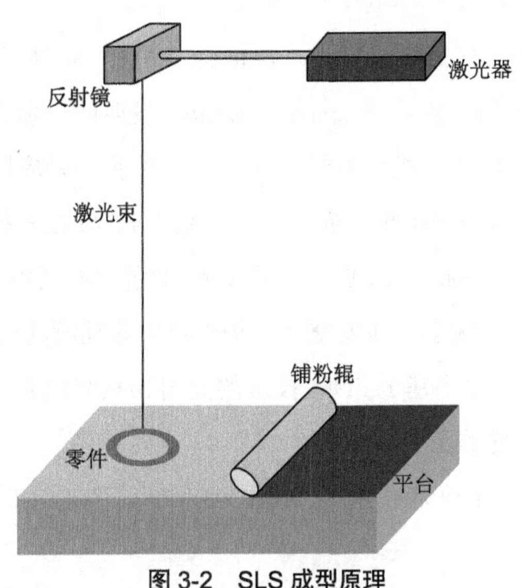


图 3-2　SLS 成型原理

选择性激光烧结工艺利用粉末材料在激光照射下烧结的原理，首先采用铺粉辊将一层粉末材料平铺到已经成型工件的上表面，并刮平，将材料预热到接近熔化点，再使用高强度的 $CO_2$ 激光器有选择地在该层截面上扫描，使粉末温度升至熔化点，从而进行烧结并与下面已成型的部分实现黏合。当一层截面烧结完后工作台将下降一个层厚，这时铺粉辊又会均匀地在上面铺上一层粉末材料并开始新一层截面的烧结，如此反复操作直至工件完全成型。在成型的过程中，未经烧结的粉末材料对模型的空腔以及悬臂起着支撑的作用，因此 SLS 成型的工件不需要像 SLA 成型的工件那样需要支撑结构。SLS 工艺使用的材料与 SLA 工艺相比相对丰富些，主要有石蜡、聚碳酸酯、尼龙、纤细尼龙、合成尼龙、陶瓷，甚至还可以是金属。当工件完全成型并完全冷却后，工作台将上升至原来的高度，此时需要把工件取出并使用刷子或压缩空气把模型表层的粉末去掉。

SLS 工艺成型材料广泛，成型工件无须支撑结构。此技术最主要的优势在于金属成品的制作，其制成的产品可具有与金属零件相近的机械性能，故可用于直接制造金属模具以及进行小批量零件生产。但是SLS工艺由于使用了大功率激光器，需要很多辅助保护工艺，整体技术难度较大，制造和维护成本非常高，普通用户无法承受，所以目前应用范围主要集中在高端制造领域。

## 三、熔融沉积成型工艺（FDM）

熔融沉积成型（Fused Deposition Modelling, FDM）是20世纪80年代末，由美国Stratasys公司的斯科特·克伦普（Scott Crump）发明的一项3D成型技术，是继光固化快速成型和叠层实体快速成型工艺（LOM）后的另一种应用比较广泛的3D打印技术。1992年，Stratasys公司推出世界上第一款基于FDM技术的3D打印机——“3D造型者”（3D Modeler），标志着FDM技术步入商用阶段。国内方面，对于FDM技术的研究最早在包括清华大学、西安交大、华中科大等几所高校进行，其中清华大学下属的企业于2000年推出了基于FDM技术的商用3D打印机，近年来也涌现出多家将3D打印机技术商业化的企业。

FDM属于“丝材挤出热熔成型”，如图3-3所示，为FDM技术原理图。

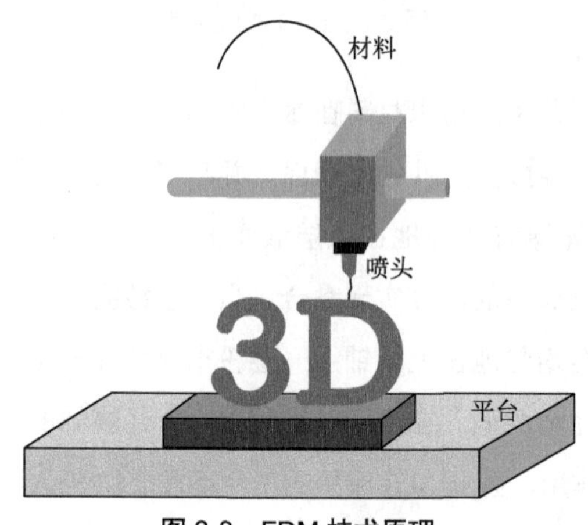


图3-3　FDM技术原理

熔融沉积成型工艺是基于CAD模型切片后得到的几何信息，由计算机控制喷头，将丝状（直径约2mm）或者粒状熔融性材料通过喷头加热熔化，喷头底部带有微细喷嘴（直径一般为0.2～0.6mm），材料以一定压力挤喷出来，同时喷头沿水平方向移动，挤出的材料与前一个层面熔结在一起，一个层面沉积完成后，工作台垂直下降一个层的厚度，再继续熔融沉积，直至完成整个实体造型。FDM工艺的关键是保持原材料从喷嘴中喷出、熔融状态下的温度刚好在凝固点之上，通常控制在比凝固点高 1℃左右。如果温度太高，会导致打印物体的精度降低，模型变形偏移等问题；如果温度太低，则容易导致喷头被堵住，导致打印失败。

图 3-4　FDM 使用耗材

图 3-5　FDM 打印案例

FDM 成型工艺已经基本成熟，大多数 FDM 设备具备以下特点：实体内部以网格路径填充，使原型表面质量更高；设备以数控方式工作，刚性好，运行平稳；可以对 STL 格式文件实现自动检验和修补；精密微泵增压系统控制的远程送丝机构，确保送丝过程持续稳定。

熔融沉积成型技术不采用激光，因而这种仪器的使用、维护比较便捷，整体成本不高。用蜡成型的零件模型，能够用于失蜡铸造；利用 PLA、ABS 成型的模具具有较高的强度，可以直接用于产品的测试和评估等。近年来又开发出 PPSF、PC 等高强度的材料，可以利用上述材料制造出功能性零件或产品。鉴于 FDM 技术的很多优点，所以该技术在国内得到了快速发展。

## 四、三维打印成型工艺（3DP）

1993 年，麻省理工学院的 SACHS 发明了三维打印成型（Three Dimensional Printing,3DP）技术，该技术通过喷射黏结剂，将陶瓷、金属等粉末逐层黏结成型，Z Corporation 公司获得基于该技术生产 3D 打印机的许可。

三维打印成型工艺属于“液体喷印成型”这一大类，该工艺类似于传统的 2D 喷墨打印机，是最为贴合“3D 打印”概念的成型技术之一。如图 3-6 所示，为 3DP 的技术原理图。

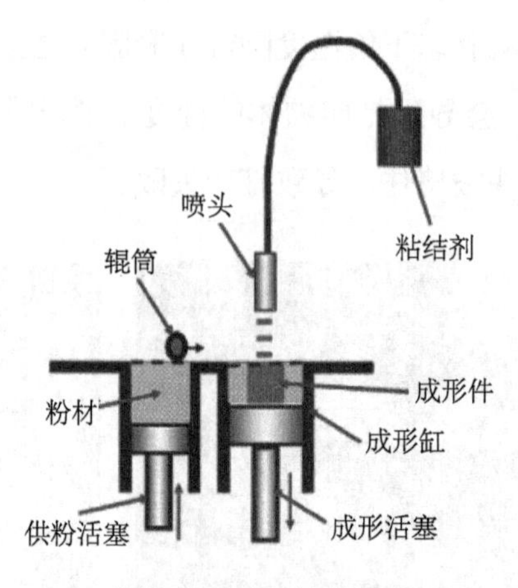


图 3-6 3DP 技术原理

3DP 技术的成型过程与 SLS 技术相似，都是使用粉末作为成型材料。有所不同的是，3DP 技术不是通过烧结方式实现粉末的结合，而是通过喷射黏结剂（硅胶等）将成型件的分层截面“印刷”在粉末上。3DP 成型工艺首先是将铺粉机构在加工平台上精确地铺上一薄层粉末材料，然后喷墨打印头根据这一层的截面形状在粉末上喷出一层特殊的胶水，喷到胶水的薄层粉末发生固化。层层叠加，直到所有层打印完毕。

3DP 成型过程中没有被喷射到黏结剂的干粉能够起到支撑作用。使用黏结剂的零件强度低，需要进行后期处理。可用于 3DP 技术的材料十分广泛，包括塑料、石膏、金属、陶瓷等。3DP 技术的原材料价格低，打印速度快，适合作为桌面的成型设备。在黏结剂中添加不同颜料，还可以打印彩色模型。由于成型过程中不需要设计和制造复杂支撑，而且未黏结的干粉去除容易，因此适合制作具有复杂内腔的零件。3DP 技术缺点为成型件强度低，只适合制作概念模型，不适合打印功能性结构件。

## 五、分层实体制造工艺（LOM）

分层实体制造（Laminated Object Manufacturing,LOM）是由美国 Helisys 公司的 Michael Feygin 于 1986 年研制成功的一项三维制造工艺。该公司已推出 LOM-1050 和 LOM-2030 两种型号成型机。研究 LOM 工艺的公司除了美国 Helisys 公司，还有日本 Kira 公司、瑞典 Sparx 公司、新加坡 Kinergy 精技私人有限公司、清华大学、华中理工大学等。

LOM 是集中成熟的快速成型制造技术之一。这种制造方法和设备自 1991 年问世以来，得到迅速发展。由于分层实体制造技术多使用纸材，成本低廉，制件精度高，而且制造出来的木质原型具有外在的美感性和一些特殊的品质，所以受到了较为广泛的关注，在产品概念设计可视化、造型设计评估、装配检验、熔模铸造型芯、砂型铸造木模、快速制模母模以及直接制模母模、直接制模等方面得到了迅速应用。

LOM 工艺属于“片 / 板 / 块材黏接或焊接成型”，是一种薄片材料叠加工艺。图 3-7 是 LOM 的技术原理图。该工艺的工作原理：首先将涂有热熔胶的纸通过热压辊的碾压作用与前一层纸黏结在一起，然后让激光束按照对 CAD 模型分层处理后获得的截面轮廓数据对当前层的纸进行截面轮廓扫描切割，切割出截面的对应轮廓，并将当前层的非截面轮廓部分切割成网格状，然后使工作台下降，再将新的一层纸铺在前一层的上面，再通过热压辊碾压，使当前层的纸与下面已切割的层黏结在一起，再次由激光束进行扫描切割，如此反复，直到切割出所有各层的轮廓。可以看出，LOM 工艺还有传统切削工艺的影子，只不过它不再是对大块原材料进行整体切削，而是先将原材料分割为多层，然后对每层的内外轮廓进行切削加工成型，并将各层黏结在一起。

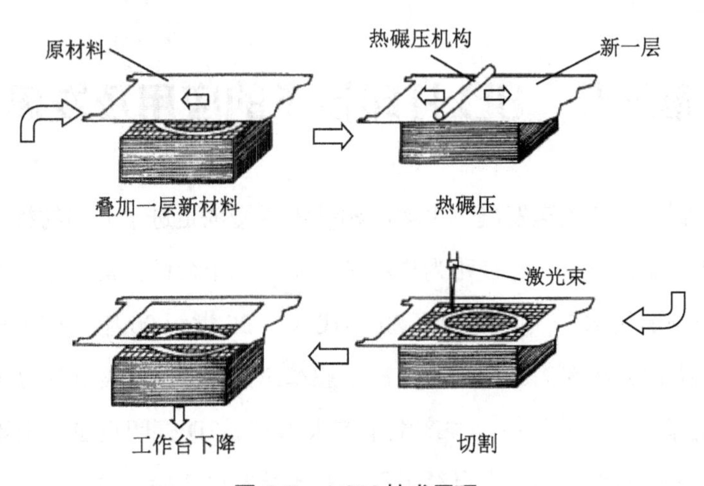


图 3-7　LOM 技术原理

LOM 工艺由于只需要使用激光束沿物体的轮廓进行切割，无须扫描整个截面，所以成型速度很快，因而常用于加工内部结构简单的大型零件。LOM 工艺不存在收缩和翘曲变形，所以不需要设计和构建支撑结构；该工艺能够承受高达 200℃的温度，有较高的硬度和较好的力学性能。但正是由于加工室温度过高，时常会有火灾发生，所以需要专门的实验室环境，维修费用高昂，工作过程中还需要专职人员职守以免发生意外。

## 六、生物印刷技术

近年来，随着 3D 打印技术、生物工程等前沿科技的快速发展，衍生出了一种新的技术，即为生物印刷技术。生物印刷技术是 3D 打印技术与生物工程技术的结合体，在生物医疗领域得到了广泛应用。生物印刷一般是指采用印刷的方式把具有各种功能的材料构造成一维、二维或者三维的有生物功能的器件或者组织工程支架等。在组织工程、药物传递等多方面得到了广泛应用。

其中，可以利用喷墨打印过程中不产生高温的优点，用其打印结构复杂的细胞。此外，还可以用生物印刷的方式制备作为基材的三维结构支架。清华大学孙伟等通过 3D 生物打印机构造海藻酸钠的生物支架，打印植入该支架的碳纳米管，不仅增强了支架的机械性能，还提高了细胞的繁殖能力。

生物印刷具有鲜明的学科交叉的特征，它将材料科学、生物工程以及印刷技术融合在一起，为组织工程在二维研究基础上提供了一种新的研究方法，即能够在三维尺度上精准地控制人体组织器官，在组织工程领域具有重大的研究意义。

# 第三节　3D 打印技术的应用及发展

随着先进制造业的迅速发展，生物印刷技术慢慢地走进了人们的视野，与人工智能技术和智能机器人技术一起被称为推动第三次工业革命的关键技术。被称为“具有划时代意义的制造技术”，是 20 世纪 80 年代末至 20 世纪 90 年代初由美国麻省理工大学的研究组提出并实现的。作为第三次工业革命的核心，生物印刷技术已经在全球制造业领域发挥了巨大的作用，并产生了重大影响。3D 打印机也逐渐走进大多数人的家里，来到人们的生活中。它已经不再是在实验室做实验研究，而是走进学校、走进家庭，3D 打印技术已经进入了高速发展阶段。

经过几十年的高速发展，3D 打印技术已经发展到了一定的规模，并且拥有了自己独特的技术体系，推动了企业产品创新、缩短了新产品研发周期、提高了产品竞争力，已经在工业制造、建筑工程、航空航天以及生物医疗等领域得到了广泛应用，并催生了一些新兴的应用领域。

## 一、3D 打印技术在生物医疗领域中的应用

3D 打印已成为推动新一轮技术创新和产业变革的重要力量。由于其需求量大、个性化程度高、产品附加值高的特点，生物医疗领域已经成为 3D 打印技术的重要应用领域。目前，生物 3D 打印技术已经被应用于术前规划、体外医疗器械、金属植入物等领域，未来将向可降解体内植入物和 3D 打印生物组织或器官等方向发展。

在术前规划领域，3D 打印技术已经帮助许多没有临床经验的年轻医师进行了手术模拟，提高了手术效率和治疗的成功率。在解剖复杂涉及重要组织结构部位的手术时，应用 3D 打印技术制备的实体模型，可以帮助医生和患者以及家属交流，为患者和医生提供触觉与视觉上的体验。既有利于病情的诊断，又提高了手术的成功率。广州迈普再生医学科技有限公司根据患者医学影像，利用 3D 打印技术为医生提供了患者的头颈部肿瘤模型，通过术前规划助力手术获得成功。湖南华曙高科技有限责任公司与中南大学湘雅医院、长沙市第三医院合作，利用 3D 打印技术成功实施术前规划、手术模拟等患者等辅助临床治疗 2000 多例，手术时间可节约 1/3 以上，相关应用技术已处于国内领先水平。

在体外医疗器械领域，3D 打印个性化手术导板的应用提高了治疗成功率和手术精度，个性化矫正器提升了矫正的效果。3D 打印个性化手术导板技术最早是 Radermacher 等在 1998 年应用于腰椎椎弓根置钉研究，此后迅速得到推广，现已广泛应用于颈椎、胸椎以及更加复杂的脊柱侧凸等手术研究中。3D 打印手术导板辅助置钉能够降低穿破骨皮质的风险取得较高的准确率。与传统徒手置钉方法相比，打印导板辅助置钉准确率更高；与计算机导航置钉技术相比，打印导板更易操作，设备简单，成本更低，应用较为广泛。

在脊柱手术中，借助 3D 打印导板可准确置钉，减少手术并发症。由于颈椎的椎弓根非常细小，置钉风险较大，可应用 3D 打印技术制备精准的钻孔导板，在钻孔导板辅助下进行椎弓螺钉的植入，非常简便。在脊柱侧弯患者中应用，在椎弓根螺钉的钻孔导板辅助下，不仅可以指导准确置钉，还可直接测量畸形的角度，设计螺钉置入的顺序，操作极为便利，还可缩短手术时间，减少手术团队及患者的辐射量。总而言之，3D 打印技术制备的手术导板不仅能够提高手术操作便利性，同时也提高了手术治疗成功率。

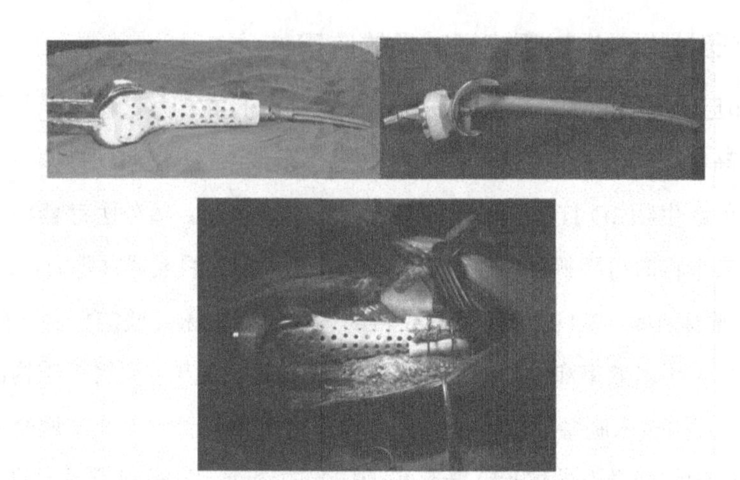

图 3-8　3D 打印制备手术导板

在骨科临床教学方面，对于年轻的医生来说，课本上的知识比较枯燥，不能在头脑中形成系统的知识网络，难以让人理解，而 3D 打印的模型能够体现出我们人体详细的解剖部位，教师还可以在实物模型上进行演示，让实习医生更容易掌握和理解。而且通过在 3D 打印的模型上进行手术的模拟，能够加快实习医生理解并利用课本知识掌握某种疾病解剖变化。这种教学方法能够明显提高教学质量。李忠海等将 3D 打印实物模型应用于临床教学中，和传统的教学手段相比，这种生动的新型教学模式能够提高实习医生的学习兴趣并且帮助他们提高对疾病的诊断能力，使他们对于解剖关系和病变类型理解得更加透彻。

在 3D 打印器官方面，有很多国内外的研究团队进行了相关实验和研究。3D 打印器官与传统组织工程中修复受损器官方法不同的是，利用 3D 打印技术制造的器官，只需要将支架材料、细胞、细胞所需营养、药物等重要的化学成分在合理的位置和时间同时传递，就可形成生物器官。清华大学孙伟等开展了关于细胞直接三维受控组装技术的研究，成功制造出了具有自然组织特性以及生物活性的组织器官。西安交通大学的研究人员利用光固化成型技术，面向天然基质生物材料，研发了可以打印立体肝组织的仿生设计与分层制造系统，成功克服了软质生物材料微结构的三维成型难题。以色列特拉维夫大学的研究人员用 3D 打印技术，利用取自病人自身的人体组织，打印出了全球第一个完整的心脏。3D 打印器官相比于传统移植有两大优势，一是不必苦等与自身相匹配的器官，可随时定制，减少人的死亡率；二是由于打印材料来自病人自身的组织与细胞，不会产生传统移植带来的免疫排斥反应。

全世界目前需要器官移植的人数远远超过捐献的人数，许多人因为等不到需要的器官而失去了活着的机会，利用 3D 打印技术，可以实现人造器官的批量生产，满足病人器官移植需求。

## 二、3D 打印技术在组织工程中的应用

近年来，研究者对组织工程支架的设计提出了 4F 准则：形状诉求（Form）、性能诉求 (Function)、功能诉求（Formation）和可植入性 (Fixation)。以此为原则，研究者希望利用仿生学等原理，体外构建适合细胞生长的显微结构，尽可能地模拟体内环境，从而协调不同细胞的增殖、分化、迁移和凋亡等。利用 3D 打印技术制备的个性化支架，能够精确模拟天然组织复杂的三维微观结构，支架形状与缺损组织高度吻合，并通过支持生长因子、细胞的共同打印赋予支架生物活性，因此在组织工程领域得到了广泛应用。

在骨组织工程领域，因为骨组织的结构与功能相对较简单，所以骨组织工程获得了广泛关注。骨组织工程为大段骨折提供了一种有效的治疗方法。研究认为，具有较大孔径的材料能获得较高的细胞密度，而具有高渗透性、多孔通道和力学强度的支架能够明显促成骨细胞的信号表达。Xu 利用 3D 打印技术制备了各种均匀分布的微孔支架，并通过机械实验初步分析了三种具有微孔（方形，三角形和平行四边形）的支架的力学性能，发现方形微孔支架具有更好的抗压强度和弹性。β- 磷酸三钙固态时的钙磷比与正常骨组织的钙磷比很接近，具有良好的生物相容性。与骨组织结合好，无排斥反应，而且在植入人体后发生降解，为新骨的形成提供丰富的 Ca 和 P，非常适合制备骨组织工程支架。

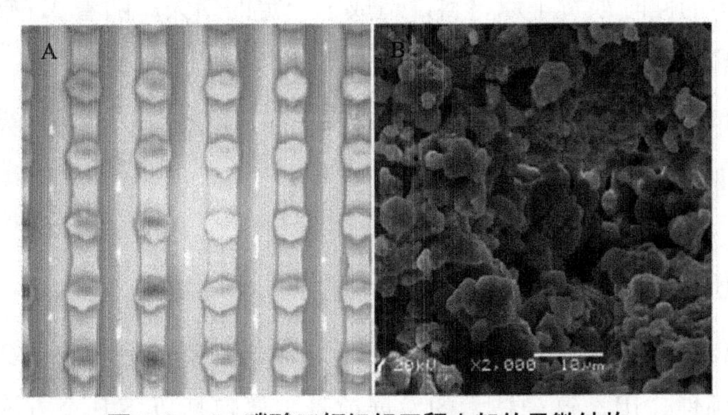


图 3-9　β - 磷酸三钙组织工程支架的显微结构

3D 打印技术在软骨修复中也具有极大的应用前景，因为软骨组织无血液供应和神经支配，并且软骨细胞的低代谢以及高密度的细胞外基质限制了软骨细胞向缺损区域移行，在受损后无法自行修复。目前，常用于组织工程软骨构建的凝胶包括胶原、纤维蛋白胶、透明质酸钠和藻酸钙等。类似于天然软骨基质，水凝胶具有很高的水分含量，接种后细胞呈圆形局限于陷窝内，可以为干细胞向软骨细胞分化提供更有利的微环境。经过改性的 I 型胶原凝胶被证明是软骨细胞和 BMSCs 体内移植的良好载体。在 1994 年，上海第二医科大学曹谊林团队成功地在裸鼠背培育出人耳郭样软骨，在国际上引起了强烈反响。

血管组织具有独特的三层结构，即内壁面是一层内皮细胞，中层主要是由弹性纤维组织、胶原和平滑肌组成，最外层包围着疏松的结缔组织，这种结构决定了天然血管具有良好的抗凝血和弹性。理想的血管支架要求能够具有或模拟天然血管的三层结构，不易产生血栓，具有血管的黏弹性及能够承受一定压力的力学特性等特点。2002 年，Lenvenberg 等通过实验将人胚胎干细胞诱导转化为内皮细胞，促使组织工程化血管内皮化研究取得重大进展。Pittenger 等证实了骨髓间充质干细胞不仅可以分化成血管平滑肌细胞，还参与平滑肌细胞重建。

## 三、3D 打印技术在其他领域中的应用

随着 3D 打印技术的不断成熟与发展，3D 打印不仅在生物医学领域得到了广泛发展，而且也逐步地应用于航空航天领域。航空航天工业是一个先驱型工业，它不仅能体现一个国家的综合国力，而且能够提升国家在国际中的威望和地位。但是航空航天是一门高度综合的现代技术，涉及许多学科门类、配套设施和机械零件，过去的减法制造增加成本的同时浪费了原材料，造成了一定的损失。随着 3D 技术在航空航天领域的引入，其部分零件制造由“减法制造”转为“加法制造”，在一定程度上避免了材料浪费，并且提高了零件的精确度，有利于促进航空航天领域的发展，具有广阔的研究前景。

## 四、3D 打印技术的发展前景

3D 打印技术已经成为全球高度重视的一种新兴技术，对于第三次工业革命能否实现将起到引领性作用，这一技术的发展前景主要包括以下几个方面。第一，随着

3D 打印工艺和 3D 打印机不断发展和革新，其在实际应用中的打印技术及打印效率与当前相比均能够实现快速发展。第二，在 3D 打印技术今后发展过程中，新型材料将会不断地涌现，如纳米材质、新型高聚合材质及生物相容性材料等，也就能够对更多实质物体进行打印。第三，随着技术的不断成熟和不断普及，3D 打印设备的价格及成本也会大大降低，使其应用能够更加广泛。第四，随着 3D 打印技术的不断发展，其应用范围也必然会更加广泛，不但在生物、医疗、航空航天、机械制造等领域内得以广泛应用，并且还会进一步扩展至军事零件制造等领域，不仅对国家经济发展、生态保护起到积极作用，而且未来在国防安全中也会起到一定的促进作用，具有重大的研究意义和广阔的应用前景。

## 思考题

1. 3D 打印技术常见类型及原理是什么？

2. 列表论述 FDM、SLA、SLS 三种 3D 打印技术在所用材料、成型方式、后处理等方面的异同点有哪些？

3. 论述生物印刷技术的原理及应用。

4. 结合3D打印技术原理与技术，思考如何打印一个适用于器官移植的人工心脏？

# 第四章　纺织品印刷制造技术

## 第一节　纺织品介绍

纺织品也称为织物，是由多种不同性能的纤维经过复杂的纺纱、织造工艺制成的片状物体。织物由纤维、纱线组成，纱是短纤维沿轴向排列并经加捻形成的连续细长条，线是两根或多根纱经合并加捻形成的细长条，纱线是纱和线的统称。纤维品种繁多，但并不是所有纤维都可以作为纺织品的原料，纺织纤维必须具有可纺性及一定的强度、细度等物理化学性能。不同的纤维组成的织物有不同的印花方法，即使同一纤维，不同的织造工艺，印花效果也不尽相同，因此，需首先了解纺织纤维的特性。

### 一、纤维的分类

纺织纤维种类繁多，可以按应用性能分类，也可以按来源分类。按来源分类法可以把纤维分为天然纤维和化学纤维两大类，具体分类如图 4-1 所示。

纺织纤维：长度达到数十毫米以上具有一定的强度、一定的可挠曲性和一定的服用性能，可以生产纺织制品的纤维。纺织纤维应具备的基本性能：一定的长度和长度整齐度；一定的细度和细度均匀度；一定的强度和模量；一定的延伸性和弹性；一定的抱合力和摩擦力； 一定的吸湿性和染色性；一定的化学稳定性。特种工业用纺织纤维有特殊要求。

天然纤维：凡是自然界里原有的或从经人工种植的植物中、人工饲养的动物毛发和分泌液中直接获取的纤维，统称为天然纤维。

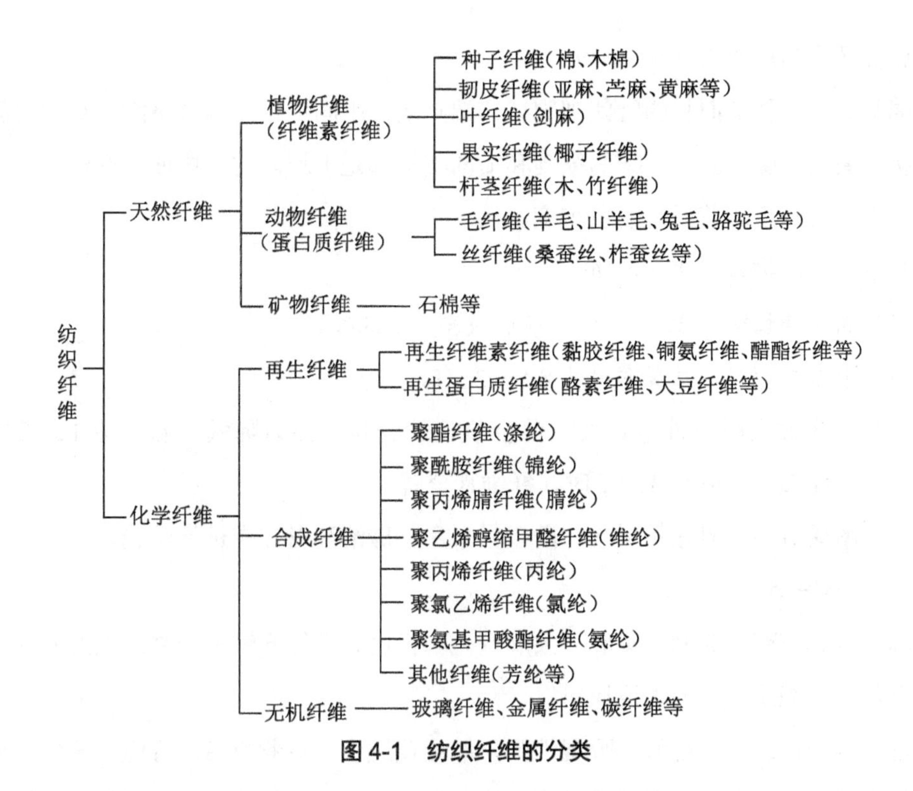


**图 4-1　纺织纤维的分类**

化学纤维：凡是用天然的或合成的高聚物以及无机物为原料，经过人工加工制成的纤维状物体，统称为化学纤维。

植物纤维：自植物种子、茎、韧皮、叶或果实上获得的纤维。

动物纤维：取自于动物的毛发或分泌液的纤维。

矿物纤维：从纤维状结构的矿物岩石获得的纤维。

再生纤维：以天然高聚物为原料制成浆液，其化学组成基本不变并高纯净化后制成的纤维。

合成纤维：以石油、煤及一些农副产品为原料制成单体，经化学合成为高聚物，纺制的纤维。

无机纤维：以天然无机物或含碳高聚物纤维为原料，经人工抽丝或直接炭化制成的无机纤维。

## 二、纤维的特性

### （一）棉纤维

棉纤维是纺织工业的主要原料，在纺织纤维中占有重要的地位。

1. 棉纤维的形态与结构

棉纤维是一种细而长的管状细胞，顶端封闭，中间略粗，两端略细，纵面呈转曲的带状，截面呈腰形。棉纤维的纵向和横向结构都是不均匀的，这使棉纤维具有一定的抱合力，有利于印花质量的色牢度。

2. 棉纤维的物理、化学性质

（1）断裂伸长率为 3% ～ 7%，弹性较差，易断裂。

（2）吸湿性较好，回潮率可达 8.5% 左右。

（3）耐光性及耐热性。长期光照会氧化、变脆、强力降低，温度达 120℃时，颜色变黄；温度达 150 ～ 160℃时，纤维素分解。

（4）耐酸碱性。耐碱不耐酸，所以常采用稀碱溶液对棉布进行丝光。

（二）麻纤维

麻纤维有苎麻、亚麻、黄麻、大麻等。与棉同属天然纤维素纤维。苎麻和亚麻品质优良，是纺织麻品种的主要原料。

麻纤维弹性差，易起皱，吸湿性强，散湿速度快，穿着凉爽、舒适、透气。麻纤维初始模量高，尤其是它粗犷的风格，挺、粗、硬、爽，在夏令服装用品中受到人们的喜爱，同时麻制品如凉席、枕席也逐渐成为人们的夏凉用品。

1. 麻纤维的形态与结构

麻纤维的纵面大多较平直，有横节、竖纹。苎麻截面呈腰形，亚麻、黄麻的截面为多角形。

2. 麻纤维的物理、化学性质

（1）强伸性和弹性。麻纤维是天然纤维中强度最大、伸长最小的纤维。

（2）吸湿性。吸湿能力强，其中黄麻吸湿性最大，回潮率可达 14% 左右。

（3）耐酸碱性。较耐碱不耐酸，可溶解于浓硫酸中。

（4）耐光、耐热性。耐日光，单苎麻和亚麻的耐热性不如棉纤维好。

（三）黏胶纤维

黏胶纤维是黏纤的全称，以“木”作为原材料，从天然木纤维素中提取并重塑纤维分子而得到的纤维素纤维。其制备过程：将植物纤维素经碱化而成碱纤维素，再与二硫化碳作用生成纤维素黄原酸酯，溶解于稀碱液内得到的黏稠溶液称为黏胶，黏胶经湿法纺丝和一系列处理工序后即成黏胶纤维。

1. 黏胶纤维的形态与结构

纵面平直，有沟槽，截面呈锯齿形，有皮芯结构。

2. 黏胶纤维的物理、化学性质

（1）有较好的吸湿性，回潮率达 13% 左右。

（2）黏胶纤维干强度较好，但湿强度仅为干强度的一半，是其最大的缺点。弹性差，易起皱，但质地柔软。

（3）耐酸碱性：耐碱不耐酸。

### （四）毛纤维

毛纤维有绵羊毛、山羊毛、兔毛等。羊绒是从山羊毛上取得的绒毛，具有轻、细、柔软、滑糯的特点，被称为“软黄金”。

马海毛为安哥拉山羊毛，以长、粗犷的风格著称。兔毛细而轻软，抱合力差，常与其他纤维混纺。绵羊毛通称羊毛，是轻纺工业中重要的原材料。

1. 羊毛纤维的形态和结构

羊毛纤维纵面呈鳞片状覆盖的圆柱体，截面为椭圆形和圆形。由于鳞片的存在造成羊毛的缩绒特性。

2. 羊毛纤维的物理、化学性质

（1）缩绒性是羊毛的最大特征。利用其特征，可以做出独特的浮雕产品，但由于缩绒的存在，也造成织物尺寸的不稳定性。长期以来，羊毛只能作为冬、春、秋季的服装面料。但是，采用高科技手段，利用氧化剂和碱剂，使羊毛纤维表面鳞片变质或损伤，而羊毛内部结构及纤维性质没有太大的改变。经过这种方法处理的羊毛，不仅获得了永久性的防缩效果，而且使羊毛纤维变细，表面变得光滑，富有光泽，强力提高，色牢度增加。这种羊毛的变性处理就是常说的“丝光处理”，用它做成的针织品或衬衫，既具有羊绒的柔软、滑糯，又有丝般的光泽，消除了刺痒扎感，极大地提高了羊毛产品的档次和服用性能，使夏季有了可以机洗的高档面料。

（2）吸湿性。吸湿能力强，一般回潮率可达 16%。

（3）耐酸碱性。耐酸不耐碱，不耐虫蛀。

（4）强伸性和弹性。羊毛纤维的强度是天然纤维中最低的，而伸长率是最大的，具有优良的弹性。

（五）锦纶

锦纶的学名是聚酰胺纤维，是最早生产的合成纤维品种。主要品种有锦纶 6 和锦纶 66，锦纶性能好、用途广、产量高，是仅次于涤纶的主要合成纤维品种。锦纶长丝主要用于制造弹力丝，生产袜子、内衣、运动衫等。锦纶短纤维主要与羊毛或其他毛型化纤混纺，用作服装面料。工业上用锦纶制作轮胎帘子线、降落伞、渔网、绳索、传送带等。

锦纶是丝网印刷特别是纺织物印花中较常用的丝网之一。

1. 锦纶的形态和结构

锦纶纵面平直光滑，截面呈圆形。

2. 锦纶的物理、化学性质

（1）强伸性和耐磨性。锦纶的强度高、伸长较大，弹性优良。锦纶具有最优良的耐磨性，但初始模量较小，易变形，织物不挺括。

（2）强湿性和染色性。锦纶的吸湿性是合成纤维中较好的，回潮率在 4.5% 左右。锦纶的染色性也较好，可用酸性染料及其他染料染色。

（3）耐光及耐热性。锦纶对光、热较敏感，光、热会导致锦纶变黄、变脆，所以锦纶印花工艺不宜高温。

（六）涤纶

涤纶的学名是聚对苯二甲酸乙二酯纤维，简称“聚酯纤维”，涤纶是世界上产量最大的合成纤维。

涤纶短纤维与棉混纺称为棉的确良。涤纶与毛混纺称为毛的确良。涤纶与黏胶纤维混纺称为快巴的确良。

涤纶与天然纤维混纺后起到优势互补的作用，增加了服用性能，涤纶长丝主要加工成各种变形丝，如涤纶低弹丝、涤纶网络丝等，供织造“机织物”和“针织物”。涤纶在工业上用于制造轮胎帘子线、电绝缘材料、绳索等。

涤纶也是丝网印刷中较常见的丝网之一。

涤纶纤维的最大缺点是染色性能差。涤纶印染由于使用分散染料，需要高温高压设备，因而受到限制。升华转移印花法是涤纶特殊的染料印花，成为解决这一难题的最好方法。

涤纶纤维吸湿率低，摩擦易产生静电，容易吸附灰尘。针对这些缺点，现代染整技术，利用涤纶在强碱和较高温度、较长时间作用下会发生水解反应的原理，对涤纶进行“剥皮改性处理”。碱的损伤使涤纶纤维变细，但内部没有明显损伤。改性涤纶提高了产品的服用性，使其柔软、下垂、飘逸、丝般光泽，高超的染整技术，常使改性涤纶在真丝面前起到以假乱真的效果。

1. 涤纶的形态和结构

纵面平直光滑，截面为圆形。

2. 涤纶的物理、化学性质

（1）强伸性和弹性。涤纶强度高，伸长大，弹性好。耐磨性仅次于锦纶，涤纶初始模量高，织物挺括，尺寸稳定性好。

（2）吸湿性。涤纶结构紧密，结晶度高，内部大分子无亲水性集团，所以吸湿力低，回潮率只有0.4%，因此它具有易洗、快干的优点，却也反映出透气差的缺点。

（3）耐光耐热性。涤纶耐热性很强，耐光性仅次于腈纶。

## 三、织物的分类

织物是纺织品印花的承印物，是将纱线通过织造工艺制备得到。

织物的原料成分、重量和组织结构是印花工艺需要考虑的重要因素。按此三点因素可以对织物进行如下分类。

### （一）按原料成分分类

1. 纯纺织物

纯纺织物，系指单一种纤维组成的织物，如纯棉织物、纯毛织物、丝织物（天然丝、人造丝、化纤长丝等）、麻织物、化纤织物（化纤短纤维）等。

2. 混纺织物

混纺织物，系指两种或两种以上不同种类的纤维按一定比例混纺而成的织物，如常见的天然纤维与化学纤维的混纺品种，涤棉织物、毛涤织物。此外还有三种纤维的混纺织物如被称为“三合一”的（毛、涤、黏）花呢。

3. 交织物

交织物，系指由不同纤维纺成的经纱和纬纱相互交织而成的织物，如棉经纱、毛纬纱的棉毛交织物，毛丝交织的凡立丁，丝绵交织的线绨等。

（二）按重量分类

1. 轻型

如纱罗织物、绸缎织物等，宜做夏季服装。

2. 中型

如中厚哔叽、华达呢、线呢、卡其等，宜做春秋服装。

3. 厚重型

如马裤呢、大衣呢等，宜做冬季服装。

（三）按组织结构分类

由于织物的组织结构、织造工艺和整理方法的不同，因而形成织物的外观、性能也各不相同，一般可分为四大类，即机织物、针织物、编织物和无纺布。

1. 机织物

又称梭织布，在织布机上由经纱和纬纱相互交错、彼此沉浮而组成的织物。机织物组织结构复杂，印花最常碰到的是基本组织（又称原组织）织物，由基本组织衍变的变化组织、特殊组织这里不作介绍，基本组织分为以下三种。

（1）平纹组织

平纹组织是所有织物组织中最简单而使用最多的一种，它的交织点最多，正反面基本相同。如棉织物中的平布（细平布、中平布、粗平布）、府绸等；毛织物中的派立司、凡立丁、法兰绒等；丝织物中的电力纺、富春纺等。

细平布轻薄、平滑、柔韧、含杂少、富有棉纤维的天然光泽（又称细布）。粗平布则质地粗糙，但厚实耐穿（又称粗布）。中平布介于细平布和粗平布之间（又称市布）。府绸同平布相比不同的是，其经密明显大于纬密，织物表面形成了由经纱凸起部分构成的菱形粒纹。府绸织物外观细、密、布面光洁匀整，手感柔软挺滑，具有丝绸感。

（2）斜纹组织

斜纹组织最大的外观特征是在织物表面具有明显的斜纹线条，俗称纹路。它的交织点比平纹组织少，纱线浮长较长，织物正反面不同。例如，棉织物的斜纹布、卡其等；毛织物的单面华达呢等；丝织物的羽纱、美丽绸等。

（3）缎纹组织

缎纹组织是原组织中最复杂的一种组织，缎纹织物交织点最少，纱线浮长最长，织物正反面有明显的区别。正面精致光滑，富有光泽，具有“光、软、滑、弹”的特点，反面粗糙无光。例如，棉织物的贡缎，毛织物的贡呢；丝织物的真丝缎、人造丝软缎等。

（4）其他常用印花承印物

① 毛圈织物。如毛巾、枕巾、浴巾等毛巾类织物。

② 起毛织物。如平绒、长毛绒、割绒织物（如灯芯绒）等织物。

③ 纱罗织物。如夏令衣料、窗帘、蚊帐、筛绢等织物。

2. 针织物

其基本组织结构是线圈，在针织机上线圈相互套结的产品称为针织物。

（1）从针织物的品种形态分类

① 针织坯布类。可用于缝制内衣、外衣、围巾、装饰布等。

② 针织成型物类。如手套、袜子、绒线衫等。

③ 三种具有绒毛的产品：针织人造毛皮、针织天鹅绒、针织绒布。

④ 另外，还有针织地毯及各种工业用针织带等。

（2）从针织物的组织结构分类

针织物的组织结构分为经编和纬编两大类，在这两大类结构中，都可以分为原组织、变化组织和花色组织。原组织是针织物的基础；变化组织乃是原组织的复合；花色组织则是上述组织的衍生结构，它具有显著的花色效应。在针织物中两个相邻线圈，横向对应点的距离为“圈距”，纵向对应点的距离为“圈高”。

圆柱覆盖在圈弧上的一面为针织物的正面，反之为反面。

① 经编组织。纱线从经向喂入，弯曲成圈互相套结而成。经编组织复杂（有经平组织、绒针组织、经缎组织等），结构紧密，不易脱散和卷边，做成面料挺括，但柔软延伸性不如纬编组织。经编组织产品如面料布、装饰布、蚊帐布、窗帘布等。

② 纬编组织。纱线沿纬向喂入，弯曲成圈互相套结而成。根据纱线喂入是单向还是双向，纬编又分为圆机针织物和横机针织物两种。

纬编的基本组织是平针、罗纹、双反面等组织。一般纬编织物易脱散和卷边，但柔软、松弛、吸湿、透气、穿着舒适。

针织物的裁片或成衣特别适合涂料印花，因为涂料印花无须洗涤等后处理，不变形，烘干后可以直接缝纫制作成品。近年来针织物发展很快，采用了各种化学纤维的长丝或短纤维，原料结构发生了变化，既有纯纺物、混纺物也有交织物，使之从内衣扩展为外衣，穿着舒适。

3. 编织物

手工或机器将纱、线互相绞成“∞”形编成的产品称为编织物，如绳子、绦带、烛心、松紧带、鞋带等。其中，绦带已发展成了绦带商标，如网印绦带商标、机织绦带商标和标号绦带，缝制在领口内和 T 恤的左裉。

4. 无纺布

又称“非织造布”。它不经传统的纺纱织造工艺，而是由纤维黏、轧而成的制品。原料可以是天然纤维和合成纤维，根据不同用途，选择不同的原料和制造方法，以及无纺布的规格、尺寸和厚度。其产品如羊毛毡、画毡、仪表或电器用的毡垫等。它没有机织物和针织物美丽的外观和良好的质感，所以常用作服装的辅料，如化纤的定型絮片、喷胶棉、衬布等，也常用于一次性的卫生、医疗、日常用品等方面。随着科技发展和增加后整理加工工序，无纺布的外观得到了改善，扩大了花色品种，提高了使用性能，无纺布也逐渐走入服装面料的领域之中。

# 第二节　印花概念及类型

纺织印染指印花和染色，这是两个单独的工艺过程，它们的相同之处是颜色在织物上的体现；不同之处在于印花是在纺织物上形成有花纹的图案，是对织物进行局部染色的过程，追求图案效果。织物印花加工的对象是各种纤维材料的织物，使用的原料是染料或涂料，通过化学或物理的方法使之在织物上印出图案。织物印花的形态可以分为三种，即匹布印花（印后裁剪）、裁片印花（裁剪后尚未缝制）、成品印花（成衣、日用品等）。一般印花产品要求图案准确、轮廓清晰、色泽鲜艳、块面均匀、牢度优良。

## 一、按工艺分类

根据印花时所采用的工艺不同，可分为以下四类。

### （一）直接印花

直接印花是将含有染料、涂料的色浆直接印在白布或浅色布上，印色浆处染料上染，获得各种花纹图案，未印处地色保持不变，印上去的染料其颜色对浅色地色具有一定的遮色、拼色作用，这种印花方法称为直接印花。根据花型图案情况，直接印花可获得三类印花产品：白地花布，其花色较少，白地多；满地花布，白地少；地色罩印花布，是在染色布上印花，此种花布上密布白花，地色比花色浅，地色与花色属于同类色，是应用广泛的一种印花方式。

（二）拔染印花

先把织物染色后再进行印花来局部消除地色而获得图案。印花色浆中含有能破坏地色染料的拔染剂。在破坏地色染料的同时，印花处为“拔白”，如果在破坏地色染料的同时，印上色浆，则印花处为“色拔”（着色拔染）。拔染印花织物的地色色泽丰满艳亮，花纹细致，轮廓清晰，花色与地色之间没有第三色，效果较好。但在印花时较难发现疵病，工艺业比较繁复，印花成本较高，而且适宜于拔染的地色不多，所以应用有一定的局限性。

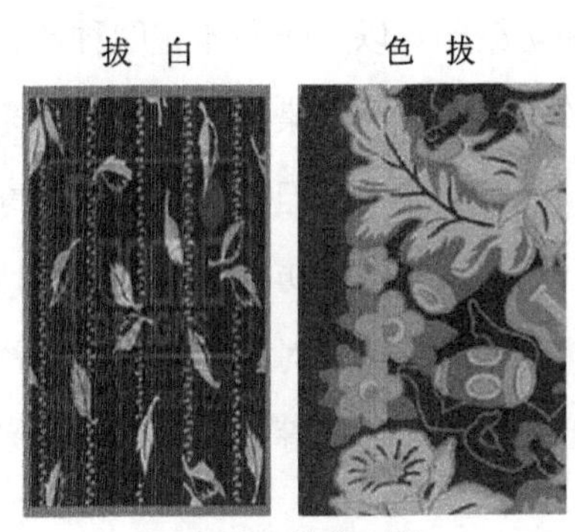


图 4-2　拔染印花

（三）防染印花

先印后染，先在织物上印上能阻止或防止染料渗透进织物的化学药剂或蜡状树脂作为防染剂，再进行匹染织物。印花之处，染料不能上染或固色，随后被洗去。如果色浆中不含色种，这便是“防白”，如果色浆中着色，这便是“色防”。防染剂常选用与地色染料相反的相应助剂及介质来完成，也可以选用机械的物理方法加以阻隔染料与纤维达到防染的目的。与拔染印花相比，防染印花工艺简短，适用的地色染料较多，但是花纹一般不及拔染印花精密细致。如果工艺和操作控制不当，花纹轮廓易于渗化走样而不光洁，或发生罩色造成白花不白、花样变萎等不良效果。

（四）防印印花

只在印花机上实现防染或拔染印花效果的方法，是防印印花和拔印印花的统称。地色、花色都是印制完成，不使用染色设备。印花效果与防染工艺类似，但地色有正反面区别。

图 4-3 防染印花过程

一般先印防印浆，而后在其上罩印地色浆。类似防染，罩印的地色被先印的防印浆阻挡上色或在先印花形印浆中加入能防止后印花形染料上染的防染剂。

直接印花、拔染印花和防染印花以及防印印花四种印花工艺要根据图案设计、染料性质、织物类别、印制效果以及成品的染色牢度等要求来选择。直接印花工艺比拔染、防染和防印印花简单，故应用最多，但是有些花纹图案必须采用拔染或防染或防印印花才能获得预期效果，而拔染印花、防染印花以及防印印花工艺是否可行主要是以染料的性质为依据。印花工艺的选择，对花型结构，色泽、织物的品种规格，染化料供应以及最终产品的加工要求等，要统筹兼顾以达到“原样精神”或“客户要求”。

## 二、按设备分类

印花方法从设备上划分，有以下四种：筛网印花、滚筒印花、转移印花和数码喷墨印花。其中，筛网印花又分为平板筛网（以下简称平网）和圆筒筛网（以下简称圆网）两种。在平网中还分为手工平网和机械平网两种，前者是织物固定，筛网移动；后者正相反。

### （一）筛网印花

1. 平网

丝网由涤纶或尼龙制成，采用重氮感光胶经曝光冲洗制成具有镂空图案区域的印版，适用于小批量、多品种印花，具有间歇式特点。印花时色浆被刮过并透过镂空区网眼而印到织物上。

2. 圆网

用金属镍做成的圆筒状镂空镍网制成，网孔呈六角形、蜂窝状排列。使用过程中不变形、耐腐蚀，适用于大批量、宽幅印花，具有滚筒连续运转的特点。它的适应性较强，适用于多种织物的印花。圆网印花机有放射性圆网印花机、立式圆网印花机、平台圆网印花机三种形式，平台圆网印花是目前使用较多的机型。

（1）圆网的制作方法

① 乳液法：先铸成圆形镍网，整个圆筒都有洞眼，然后用感光胶刮没。目前大多采用乳液法。

② 镍网穿孔成网法：有腐蚀穿孔、激光穿孔等。

③ 电铸成型法：圆网和花纹一次电铸成型。

④ 合成纤维圆网镀镍法。

（2）筛网印花工艺过程

圆筒→镀镍→镍网→涂感光胶→感光→显影→贴浆→印花→烘干→后处理。

印花时织物随循环的橡胶履带前进，橡胶履带上有一层薄的贴布浆，以固定织物。当印花以后，橡胶履带转入机下进行水洗和干燥。

圆网装在橡胶履带上面的架子上，无缝镍网只有约 0.1mm 厚，圆网两端用轻的铝合金闷头固定。在橡胶履带下面，每只圆网下装有一只小的承压滚筒。色浆由泵打入圆网内，经刮刀刮浆印到织物上。金属刮刀在圆网里面，刮刀装在刀架上，刀架固定在机架两侧，在圆网旋转时，刮刀以压为主、以刮为辅，将印花色浆刮印到织物上去。金属刀片的厚度为 0.1 ～ 0.2mm，金属薄刀片适用于紧密织物、细线条花型以及合成纤维制品；金属厚刀片适用于厚织物和面积较大的花型。

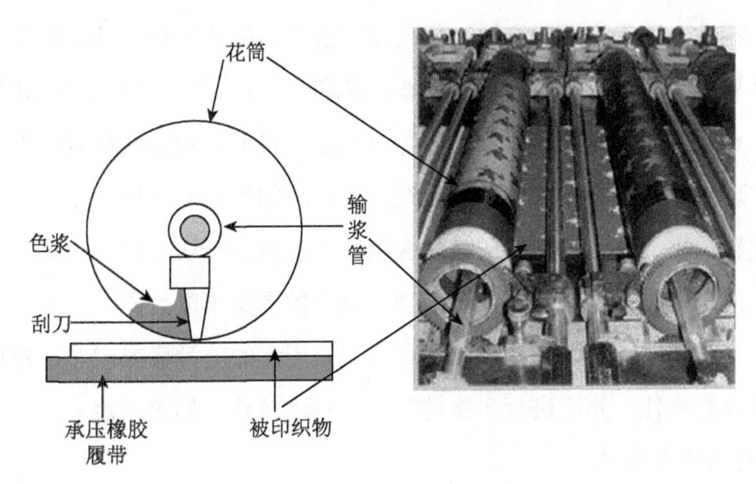


**图 4-4　圆网印花及设备**

### （二）滚筒印花

滚筒印花是通过雕刻滚筒把色浆施加在织物上，而色浆是装在低于滚筒表面的凹槽里。印花机上的滚筒为中空的圆筒，现镀铜滚筒比较普遍。滚筒表面的花样被车掉后可以再镀，使花辊保持原来的直径。

滚筒印花时，大承压滚筒的表面包裹了多层毛衬布，毛衬布的作用就是形成有弹性的软垫，保障印花的轮廓清晰。印花时，转动大承压滚筒，要印花的织物在大承压滚筒的部分圆周上通过，在这只承压滚筒的圆周上能装有多少只花筒，这台印花机就称为多少套色印花机。每只花筒的下面紧靠着装上一只给浆辊，它浸在色浆槽中。印花机运转时，色浆通过给浆辊带到花筒表面，先经一钢刮刀把没有花纹部分的色浆刮去，而凹陷的花纹处仍留有色浆。

当花筒与承压滚筒接触就开始印到织物上去，印花后，一把刮纱金属刀将传色铲除，同时去除花筒上黏附的纤维毛。

滚筒印花雕花筒的制作周期较长，雕刻的成本比筛网高，操作也比较麻烦，但它生产效率高，花纹轮廓清晰，所以适宜生产大批量的匹布印花。

由于机械张力较大，一些容易变形的织物，如针织物、绸缎等不太适用。同时受花筒个数和承压滚筒圆周的影响，图案套数受到限制。同时，印花筒依次印花造成压浆作用，每个色浆被后面的印花辊压过产生压浆作用，因而得色率降低，很难获得像平板筛网印花那样的浓艳色泽。

### （三）转移印花

转移印花是一种新的印花方法，它改变了过去传统的印花方法。首先用印刷的方法将印花油墨印刷到纸上，成为所需图案的转印纸，然后将转印纸与被印织物紧密吻合。通过一定的工艺条件，转移到被转织物上去。目前，转移印花有以下两种方法。

（1）物理转移法。该方法依靠转印纸上热熔胶的作用，通过热压使印花图案机械地黏附在被转织物上。这种转移印花法应用广泛，适合一切纤维的承印物。对纤维没有选择性。但是只能转移一次，且转印到织物上的图案牢度欠佳。

（2）升华转移法。这种印花方法也可以说是无水的特种染料印花，对化学纤维尤其是涤纶的效果最佳，并可进行多次转移，但每次转移后颜色渐浅。

### （四）数码喷墨印花

数码喷墨印花是将计算机制作处理的各种数字化图形输入计算机，再通过电脑分色印花系统处理后，由专用的RIP软件通过对其喷印系统将各种专用染料（活性、分散、酸性主涂料）直接喷印到各种织物或其他介质上，再经过处理加工后，在各种纺织面料上获得所需的各种高精度的印花产品，数码喷墨印花主要用于印染行业。该方法适用于生产小批量、个性化的印花。

数码印花技术摆脱了传统印花分色、制片、制版的模拟方式，具有操作简捷、效率高、无污染、投入低、回报高的革命性优势，给纺织印染业带来了前所未有的发展机遇。

## 第三节　染料印花

在直接印花中，使用染料色浆的印花称为染料印花，核心是染料与纤维相互作用并发生化学反应。因此，不同类型的纤维织物需选择具有不同分子结构的染料。染料印花要求有相应的焙烘、洗涤后处理设备，这也是染料印花不能普及小企业的根本原因。也正是由于这点，通过烘焙、洗涤后处理的染料印花工艺凸显了它色牢度好、手感柔软的优势。

染料印花的适用范围包括如下。

（1）高档的产品，如羊绒，精纺棉、毛、丝绸等。

（2）大面积印花，尤其是地色印花。

（3）柔软的贴身丝织物和毛圈织物，如毛巾、浴巾、毛巾被、童毯等。

（4）色牢度高的印花产品。

### 一、染料印花色浆的组成

纺织物印花中所使用的油墨称为印花色浆，印花与染色原理虽基本相同，但用于印花的染液中油墨要加入浆料，调成稠厚而有黏性的色浆。染料色浆在印花过程中起传递染料、分散介质、稀释的作用，在汽蒸时起稀释剂、稠厚剂的作用。染料印花色浆由染料、糊料和化学助剂组成。其中染料作为色种，呈固体颗粒或粉状。糊料作为载体浆又称原糊或原浆，是将糊料通过一定的制糊工艺调制而成的糊状物。化学助剂可以帮助染料溶解、扩散、固着。

#### （一）染料

1. 染料的分类

染料品种及生产厂家很多，使用者可以根据自己的生产条件，选择不同的品种，现把最为常用的染料根据应用织物分类如下。

（1）棉用染料：活性染料、不溶性偶氮染料（如纳夫妥染料）、还原染料、可溶性还原染料、硫化染料和直接染料。

（2）毛用染料：酸性染料、酸性媒介染料和金属络合染料。

（3）涤纶：分散染料。

（4）腈纶：阳离子染料或分散染料。

（5）锦纶：主要用酸性染料，也可用酸性含媒染料、分散染料和某些直接染料。

（6）维纶：主要用还原、硫化和直接染料。

（7）丙纶：很难上染，经过变性处理后有的可用分散染料或酸性染料。

2. 染料的选择

（1）染料选择的最基本原则是不同类型的纤维使用不同种类的染料。例如，棉纤维使用最普通的活性染料；羊毛、蚕丝使用酸性染料；涤纶纤维使用分散染料；腈纶纤维使用阳离子染料等。

（2）根据织物用途选择满足色牢度要求的染料。例如，贴身衣物要求染料的耐洗和摩擦牢度要好，室外织物要求耐气候牢度或耐晒牢度的染料。

（3）根据客户的要求及加工费的高低来选择既满足客户的要求又价格适宜的染料。

（4）根据染料性能及本单位设备条件综合考虑来选择染料。

（二）原糊

印花是对织物进行局部染色的过程，色浆中必须加入糊料，把染料、助剂传递运载到织物上去，防止花纹渗化。另外，当染料固色以后，糊料易从织物上洗去。业内常把染料印花中的糊料称为“原糊”或“原浆”。原糊在印花色浆中添加量约占50%。

1. 原糊的作用

（1）介质。作为染料、助剂的分散介质，使染料均匀分散到原糊中。

（2）增稠。作为色浆的增稠剂，使色浆稠厚，以稳定花型，防止渗化。

（3）黏着。使色浆具有一定黏度和成膜性能，印到织物上的膜层不脱落。

（4）传递。原糊吸湿性好，汽蒸时吸收环境中的水蒸气而膨化，有利于染料在花纹处再溶解、扩散、上染。原糊传递运载染料、助剂到织物上，染料固色后，糊料从织物上洗去。

2. 原糊的种类

（1）淀粉糊

特点是具有多羟基醛或多羟基酮结构，包括小麦淀粉、玉蜀黍淀粉和生粉。其中，生粉黏性大，渗透性好，常与小麦淀粉和玉蜀黍淀粉混合使用。淀粉糊给色量高，印花轮廓清晰，耐一般化学品，不耐强酸强碱，印花均匀性和洗涤性差，也常与其他浆料混合使用，不能做活性染料的原糊。

（2）海藻酸钠糊

海藻酸钠是从褐藻中的马尾藻和海带中提取的，经纯碱作用而成为海藻酸钠，具有羟基、羧基的环状结构。海藻酸钠带有负电荷，是阴离子结构的活性染料的最理想的糊料，不能用作阳离子染料的糊料（易与阳离子染料发生作用生成沉淀）。另外，它资源丰富，价格便宜，也广泛应用于分散染料、酸性染料的糊料。因能与还原剂产生凝聚，也不能做拔染浆料。

由于其结合水分能力强，抱水性好，汽蒸时渗透性好，易洗涤去除，因而印制花纹精细，轮廓清晰，织物手感柔软。

（3）合成龙胶

合成龙胶是由皂荚胶粉与氯乙醇在碱性溶液中反应得到，又称为羟乙基皂荚胶。属于非离子型，相容性好，常与淀粉糊混合使用。

合成龙胶耐酸性好，不耐碱，不宜作碱性印花糊料。对金属离子 $Zn^{2+}$、$Ca^{2+}$、$Cr^{3+}$ 和硬水等比较稳定。给色量中等，渗透较好，印花后容易从织物上洗去。

3. 原糊的选择

（1）选择相容性好的原糊。这是首要条件，原糊不能与染料、助剂矛盾，如带电性、酸性、氧化性、聚沉性等，否则相互反应产生絮凝。

（2）触变性适当。一般触变性大的原糊，在外力作用下黏度下降明显；外力释放后，黏度逐渐恢复。平网印花选择触变性较大的原糊。

（3）黏度适当。可通过原糊用量来控制色浆黏度。原糊用量多，黏度高。精细花纹的色浆黏度要高，防止花纹渗化；块面花型的色浆黏度要低一些。

（三）化学助剂

1. 活性染料染色助剂

（1）尿素。它的作用是帮助染料溶解和固色。由于色浆稠厚，水用量少，导致染料溶解困难，需加入助溶剂。同时，尿素有良好的吸湿性可以促使纤维膨化，有利于汽蒸过程中染料充分渗透并与纤维结合。

（2）小苏打。小苏打为碱性介质，分解前防止染料水解，印花后促使染料与纤维结合。

2. 分散染料染色助剂

（1）尿素。由于分散染料在高温汽蒸时易受还原气体影响造成分解和色变，尿素可作为氧化剂防止分散染料分解，还可提高上色率。

（2）硫酸铵。调节色浆 pH 在 4 ～ 5.5，pH 过高会使分散染料发生水解和还原分解，造成色变；过低会影响织物手感和色光。

## 二、染料印花工艺

以活性染料棉布印花为例，工艺流程如下。

印花→烘干→蒸化或焙烘→水洗→皂洗→水洗→烘干。

### （一）印花烘干

印花后需充分加热烘干，防止搭色混印。

### （二）蒸化

蒸化是使印花染料在高温下上染纤维的过程，目的是固色。生产中常采用汽蒸或烘焙等高温手段加快染料的扩散，缩短蒸化时间。汽蒸是在 102 ～ 104℃下蒸化 6 ～ 10min，焙烘是在 150℃蒸化 3 ～ 5min。

### （三）水洗

在平洗机中进行水洗，目的一是洗去浮色，防止白地沾污；二是洗去原糊。水洗应多次、充分。

水洗流程为：冷水→温水→热水→皂煮→水洗→烘干。

# 第四节　涂料印花

在直接印花中，使用涂料色浆的印花称为涂料印花，其中涂料依靠黏合剂黏附在纤维上并形成具有一定弹性和耐磨性的透明树脂薄膜。涂料色浆不与织物纤维发生化学键结合，而是靠黏合剂的物理作用与织物结合。黏合剂是高分子量的成膜物质，由单体聚合而成。黏合剂以均匀的溶解状态或细分散状态存在于印花浆中。当印花后，在加热或干燥条件下，黏合剂中的液体成分蒸发，在织物上形成数微米厚的薄膜层，包覆着涂料粒子，黏附在纤维上。涂料印花后的色牢度如摩擦牢度、皂洗牢度、干洗牢度、搓洗牢度等，主要取决于黏合剂品质的好坏；日晒牢度、气候牢度及鲜艳度主要取决于涂料本身。选择好的黏合剂和涂料是保证色牢度和鲜艳度的重要前提，可以说涂料印花发展史就是黏合剂的发展史。

涂料印花具有以下特点：

（1）适用范围广，一切纤维均可。

（2）操作简单，工艺简化，相对于染料印花省去了洗涤，减少废水排放。

（3）印花轮廓清晰，不易渗化。

（4）可用于特种印花。

（5）手感欠佳，特别是大面积图案。

（6）鲜艳度和色牢度（耐摩擦性）有待提高。

（7）常用于白色或浅色织物，用于深色织物需要用罩印浆。

## 一、涂料印花浆的组成

### （一）涂料

涂料是涂料印花浆中的色种。目前使用的涂料一般是浆状，它是用有机颜料或无机颜料和一定比例的甘油、平平加、乳化剂、水混合后研磨打浆而成。

大部分涂料采用有机颜料，如偶氮染料（如黄、深蓝、红、酱）、还原染料（如青莲、金黄）、酞菁染料（如艳蓝、绿）、金属络合染料。只有白涂料和黑涂料是无机颜料，白涂料是钛白粉（$TiO_2$），黑涂料是碳黑。研磨后的色浆中颜料颗粒细而均匀，尺寸为 0.2 ～ 0.5μm。

### （二）黏合剂

黏合剂是高分子量的成膜物质，分子量均在十万以上。以溶解状态或分散状态存在于印花色浆中，黏合剂在水中的分散形态有三种：水分散相、油 / 水相、水 / 油相。由于水 / 油相的黏合剂使用有机溶剂，因此存在一些环保和安全问题，而且与其他水溶性色料不好同印，故不被采用。国内采用的多是以丙烯酸酯为主体的聚合物，有水分散相和油 / 水相两种，固含量均在 40% 左右。理想的黏合剂经固着后，生成的薄膜应无色透明、固着力强，皮膜不发黏，吸附性小，柔软弹性而且耐摩擦，耐各种常用的化学品，耐酸碱，耐氧化剂、还原剂等，无害无毒，日久不变黄，储存稳定性好，不结皮，又能耐冻。

从黏合剂成膜后的高分子链间的作用来看，可以把黏合剂分为以下三种类型。

1. 非交联型黏合剂

在这种黏合剂的分子上，不具有与交联剂发生反应的官能团，所以牢度较差，属淘汰之列。

2. 交联型黏合剂

这种黏合剂的分子中具有能与交联剂发生反应的官能团，如羟基、氨基、酰胺基、醛基等。没有交联剂时，它们分子链间的官能团不会发生反应。但有交联剂时，便能与交联剂相互交联，使原来线状结构的分子链交联成网状结构的大分子，从而提高了皂洗牢度和摩擦牢度。

3. 自交联型黏合剂

其本身分子链中具有反应的官能团，最常见的是羟甲基酰胺基。自交联型黏合剂分为高温自交联型黏合剂和低温自交联型黏合剂两种。

选择黏合剂的原则：大面积花型选用柔软性黏合剂；浅色印花选用高温下泛黄轻的黏合剂；深色印花选用牢度好的黏合剂。

（三）其他

涂料色浆的组成还包括增稠剂、交联剂、其他添加剂（如柔软剂、催化剂、吸湿剂等）。

增稠剂目前以聚乙二醇醚的衍生物、丙烯酸阴离子型的为代表。交联剂带有丙烯基或双氮乙烷基，与黏合剂上的羟基、氨基、酰胺基、羧基反应，与纤维上的羟基反应发生交联。

## 二、涂料印花工艺

涂料印花工艺过程简单，包括：印花→干燥→固色。

涂料应有稳定的耐化学性和物理性，为了提高涂料的着色率，耐摩擦牢度和防止堵网，颗粒要细而均匀，粒子大小应在 0.2 ～ 0.5μm 的范围内。涂料颗粒大，反射光的波长向长的方向转移，色泽偏红，灰度增加，着色率低，色泽发暗，且不耐磨和搓洗牢度差。颗粒过小，易发生凝聚，会失去原有的鲜艳度，虽然扩散性能好，耐磨耐搓洗，但影响光泽。

现全国涂料生产厂家众多，各厂家涂料的组成成分及添加剂各不相同，价格也参差不齐，而涂料在印花浆中作为色种占的比重很小，所以选择大型企业的优质涂料是印花质量有力的保证之一。根据所使用的溶剂可分为水浆和胶浆。水浆是水性浆料，印后手感不强，覆盖力也不强（深色衣服慎用），只适合印在浅色面料上，不会影响面料原有质感，适合印大面积图案。胶浆是非水性浆料，覆盖力很好（深色衣服也可印浅色），有一定光泽度和立体感，显得高档，印刷后有一定硬度，不适合大面积实地图案。通常将水浆和胶浆结合印刷，以解决大面积印花的问题。

涂料色浆应储存在通风、阴凉、干燥处，不宜过冷过热。储存温度为 0 ～ 40℃，避免与酸性物料接触。存放应注意紧闭性，取用后必须盖紧，避免与空气长时间接触，防止干涸、结皮、凝聚，因干涸、凝聚会使涂料颗粒变大，着色率低和灰色增加，如长期存放后发生沉淀，只要充分搅匀后仍可使用，不会影响质量。

## 第五节　转移印花

转移印花是一种新的印花方法，它改变了传统的印花方法。首先，用印刷的方法将印花油墨印在中间纸张或塑料基材上，形成所需图案的转印纸，然后将转印纸与织物紧密贴合，通过一定压力、温度，使图案转移到织物上。

转移印花包括以下两个方面。

### （一）物理的转移印花方法

利用转印纸上的热熔胶作用，通过热压使图案黏附在织物上。这种转移印花对织物纤维没有选择性，应用广泛，但是只能转移一次，这种转移印花的牢度欠佳。

物理转印包括热转印和冷转印两种方法。

1. 热转印

热转印也叫热熔型转印，它适用于普通转印（烫画纸）、电化铝转印、彩色喷墨打印转印和彩色激光打印转印。适用于平面、曲面物体，烫印后无须处理。

2. 冷转印

冷转印也叫水转印、水溶膜。它不适合纺织品的转印。

### （二）化学的转移印花方法

对纤维有选择性，柔软度和牢度都优于物理转印方法，可以进行多次转印，但逐渐颜色递浅，可以说是特种无水染料印花。

化学转印包括干法转印和湿法转印两种方法。干法转印也叫升华法，湿法转印也叫溶剂法。

转移印花的优点是用途广泛、方便快捷、正品率高、时尚化、个性化、无公害、不污染环境。

## 一、物理转移印花

### （一）热压转印花纸转印

1. 热压转印花纸的结构

热压转印花纸的结构有五层，即热转印纸或PET薄膜层、离型剂层、彩色图案层、黏合剂层和热熔胶层，如图4-5所示。

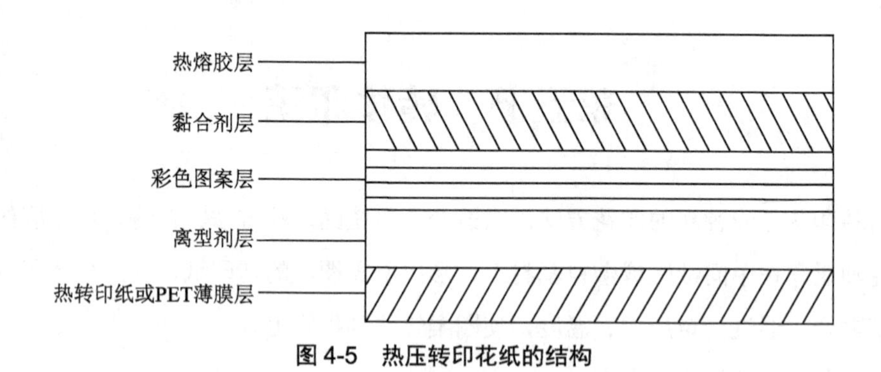


图4-5　热压转印花纸的结构

2. 各层材料的作用

（1）热转印纸或PET薄膜层

其是转移印花的载体，如何确立使用哪种转印纸，关键是要对承印物有所了解。

（2）离型剂层

其作用是使热压转移到织物上时，使织物上的薄膜图案能与第一层载体分离。热撕、冷撕、温撕三种方法均由离型剂性质决定。

① 热撕：趁热立即撕去底纸。

② 冷撕：完全冷却后慢慢撕去底纸。

③ 温撕：待几秒钟，温热时撕去底纸，此种方法用得比较少。

（3）图案彩色层

图案可以用胶版印刷、网版印刷或用网版印刷各种特殊浆料的图案，如弹性胶浆、发泡浆、金葱浆等。它是决定热转印品种性质的关键一层，由于所用材料的不同就形成了转移纸的不同特性和用途。

（4）黏合剂层

其作用是使图案彩色层具有牢度的拉伸性。

（5）热熔胶层

其作用是使剥离后的彩色图案牢固地粘在被转织物上。

3. 一般烫印的工艺指标

一般烫印工艺指标包括温度、时间、平板压力和载体分离方式（也叫脱法）。依品种的不同，烫印工艺指标也不同，见表 4-1。在实际生产中，要看转印花纸厂商的具体工艺说明来加以选择。

**表 4-1 热转移印花的烫印工艺指标**

| 品种 | 温度 /℃ | 时间 /s | 平板压力 | 脱法 |
| --- | --- | --- | --- | --- |
| 高温 | 180 ～ 190 | 12 ～ 15 | 中压 | 冷 |
| 中温 | 130 左右 | 5 ～ 10 | 一般 | 冷 |
| 低温 | 120 左右 | 3 ～ 5 | 一般 | 冷 |
|  | 110 ～ 120 | 3 ～ 5 | 一般 | 热 |
| 植绒 | 150 ～ 170 | 10 ～ 15 | 一般 | 热 |
| 渗透 | 180 | 8 ～ 10 | 中压 | 热 |
| 发泡 | 170 ～ 180 | 4 ～ 8 | 中强压 | 热 |

（二）电化铝转印

应选择适宜纺织物的专用电化铝来烫金、烫银、烫彩葱、烫镭射等。

1. 电化铝的结构

电化铝的结构有五层，即涤纶片基层、离型剂层、醇溶染色树脂层、铝层和胶黏层，如图 4-6 所示。

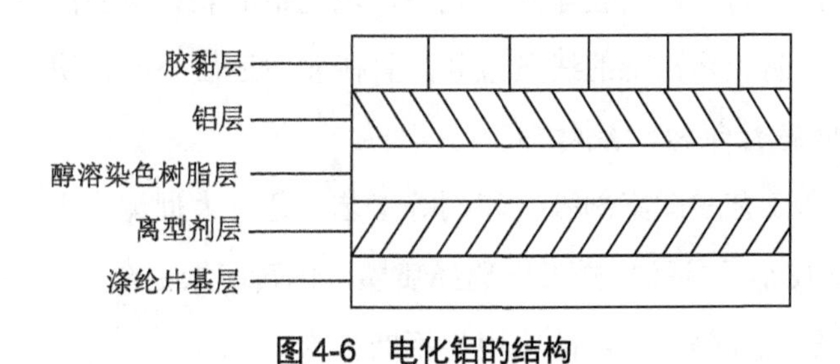


图 4-6 电化铝的结构

2. 各层材料的作用

（1）涤纶片基层

厚度为 10 ～ 20μm，耐高温，抗拉伸强度大，起到支撑上述各图层的作用。

（2）离型剂层

转印过程中离型剂层起剥离的作用。

（3）醇溶染色树脂层

醇溶染色树脂层作为彩色层。

（4）铝层

铝层是很好的光反射材料，从而达到烫金纸闪闪发光的效果。

（5）胶黏层

胶黏层在温度和压力作用下熔融，使铝箔图层黏到被烫物体上。

3. 电化铝转移印花

电化铝转移印花工序主要包括普通印花和电化铝热压烫转移两部分，工艺流程为：图案设计→画稿→制丝网版→网印烫金浆→电化铝热压烫印→剥离多余的电化铝→成品。电化铝转移印花操作与普通印花相似，只是多了一道热压烫转移工序。

烫金浆使用聚乙烯、聚酯胺、聚酯、乙烯 - 醋酸乙烯共聚物树脂等作为转移胶黏剂，其具有较强的黏合力和柔软性，并富有一定的弹性，与涂料印花色浆能很好地混合。胶黏剂丝印后的干燥温度直接影响电化铝的转移效果，在接近干燥状态下进行热压烫为宜。

为防止电化铝转移的不完全或洗涤后部分电化铝脱落而影响整体图案的美观，印刷胶黏剂时，颜色的深浅尽量要能与电化铝近似、匹配。热压烫的温度和时间要考虑织物的承受温度，有的织物不能承受高温，就不能进行转移印花。热压烫的温度和时间要按胶黏剂的性能而定。通常热压烫温度不能太高，温度过高（电化铝本身也有胶黏剂）则无图文部分易转移上胶黏剂。此外，电化铝的剥离也要注意，要顺着织物的经（纬）向揭起，防止将黏上的线条拉断，且撕剥时速度不能太快。

（三）彩色喷墨打印转印纸转印

上述的热转印工艺需图案制版、印刷等工艺，适宜大批量生产，而且生产量越大成本越低。多品种、小批量及打样工作选择喷墨彩色转印纸更合适。随着电脑、扫描仪、打印机的普及，彩色喷墨转印纸的应用将不断扩大。

1. 优点

不需要制版，不需要印刷，不需要特殊的打印机，只要用数码相机或扫描仪将图片导入电脑后，经打印立即可以熨烫转印到织物上，这个过程只需要几分钟的时间，唯一的要求是使用专用打印纸。

2. 原理

在专用转印纸上预先制作剥离层、弹性层、黏合层，形成综合层，这个综合层既有拉伸弹性，又能吸附打印机的普通墨水。使用这种水性墨水喷成彩色图案，经压烫（电熨斗或压烫机）后被转到织物上，它的精度可以打印出175线的精细彩色图案。

转印条件：加热温度为160～170℃，热压时间为20～25s。

## 二、化学转移印花

### （一）化学转移印花的原理

化学转移印花有两种：一种是升华法，另一种是溶剂法。

1. 升华法

升华法也叫干法转移印花，就是在一定温度、压力下，经一段时间使转印纸上的染料升华到被印织物上，也就是分散染料在干热条件下，由固态变为气态的过程。

2. 溶剂法

溶剂法也叫汽湿法转移印花，即在一定温度、压力和溶剂的作用下，使油墨层从转印纸上剥离而转移到被印织物上。在转移印花前，织物需要用合适的染色助剂润湿，以促进染色的发色和固色。转移后的织物需进行汽蒸固色等后处理。

### （二）化学转移印花的优缺点

1. 优点

（1）可印制轮廓特别精细的图案。印制的图案层次丰富多彩，造型逼真，艺术性高，这是一般直接印花方法无法比拟的。

（2）特别适合收缩性大、容易变形的织物，如针织物或合成纤维变形丝织物。

（3）升华转移后不必进行后处理，无“三废”问题的存在。

（4）设备投资少，操作简单方便，正品率高，生产周转快，对织物前处理要求比较低。

（5）转印纸在转移一次后，往往还残留着20%～30%的染料，因此可以重复使用，进行第二次、第三次转移，转移次数越多，色泽越浅。

2. 缺点

（1）目前用作干法转移印花的染料基本上是具有升华性能的分散染料，所以它适合于合成纤维，如涤纶、腈纶、锦纶和它们的混纺物，或者是它们与纤维素纤维或蛋白质纤维的混纺物，但纤维素纤维、蛋白质纤维所占比例不能大于30%。其中以涤纶转移效果最好。

（2）不适于纯棉、再生纤维素纤维和纯蛋白质纤维的直接转移，若要转移需经涂层处理，但会影响手感、牢度和鲜艳度。

（3）图案很难和转印纸一样清晰，特别是表面粗糙的织物。

（三）转移印花的工艺

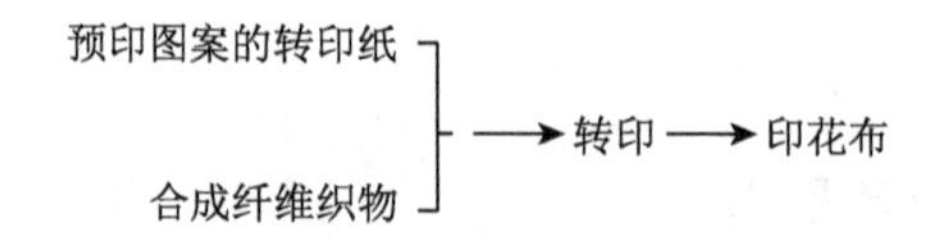


转移印花的工艺主要从温度、压力和时间三个参数来考虑。

1. 转印温度

转印温度取决于使用的分散染料的升华最佳温度、纤维耐热性能和转印时间等因素。总的原则是：在被印织物纤维不受损的情况下，较高的转印温度可以在较短时间内完成，以获得较高的转移率。

2. 转印压力

使用平板压印机以100g/cm$^2$为标准压力，如压力不足，转印纸与被印织物不能紧密吻合，影响转印质量，会出现色泽不匀、图像不清；如压力过大，又会造成织物表面手感及风格的变化。

3. 转印时间

转印时间取决于转印温度、纤维类型及织物的组织结构等。一般来说，转移时间长，转移率高；转移温度高，染料升华越快越多，转移率高。

表4-2中是几种纤维的转移温度和时间之间的关系。

表4-2 各种纤维所对应的转移温度和时间

| 纤维品种 | 转移温度/℃ | 转移时间/s |
| --- | --- | --- |
| 涤纶 | 200～220 | 10～20 |
| 变形涤纶 | 195～205 | 30 |
| 涤纶/棉 | 210 | 20 |

续表

| 纤维品种 | 转移温度 /℃ | 转移时间 /s |
| --- | --- | --- |
| 涤纶 / 氨纶 | 195 | 20 |
| 涤纶 / 羊毛 | 200 ～ 205 | 25 |
| 锦纶 | 190 ～ 200 | 30 ～ 40 |
| 腈纶 | 200 ～ 210 | 30 |
| 二醋酸纤维织物 | 185 | 15 ～ 20 |
| 三醋酸纤维织物 | 190 ～ 200 | 30 ～ 40 |

### （四）转印油墨及应用

转印油墨应由染料、黏着剂和增稠剂等部分组成。目前采用的油墨有水溶性油墨、醇溶性油墨、油溶性油墨。用作升华法转移印花的染料基本上属分散染料，应具备以下特性。

（1）染料的升华性。在高温条件下，染料具有合适的升华性，在拼色时，混拼染料应具有相近的升华性。

（2）染料对纸的要求。染料对转印纸具有很低的亲和力，但对被转织物应有较高的亲和力。

（3）染料的泳移。已经从转印纸上转移到织物表面的染料，在干热的条件下，能向纤维内部泳移。

（4）染料在被转织物上应具有良好的干热固色性能。

（5）选用色牢度较高的染料。因为从转印纸转移到织物上的染料不能全部吸收到纤维内部，总有一部分残留在织物表面，相当多的染料未向纤维内部扩散，故选用色牢度较佳的染料是很必要的。转移印花的色牢度除与选用分散染料的质量以外，还与加工对象承印物的性能及转移的工艺条件有关。

### （五）升华转印纸要求

（1）适当的吸湿性，吸湿性太差会造成色墨搭色，吸湿性过大，造成转印纸变形。故生产转印纸时要严格控制填料，以用造纸行业的半填料较为合适。

（2）印刷稳定性好，容易印刷。

（3）对升华性分散染料亲和力低，仅作为一种载体。

（4）高温下（200℃左右）不发脆、不焦化、不泛黄、收缩性小。

（5）有足够的强度。

转印纸的印刷可采用凹印、胶印、柔印、网印、喷墨打印等方式实现，每种方式特点不同，可根据图案的特点、产品要求、产品数量等来选择印刷方式。

（六）转印纸变色

1. 原因

包括稀释剂中的糊粉比例不足；储存环境温度湿度不佳，使部分油墨发生变化；纸张 pH 影响纸张上染料的安定性；印刷过程已形成色差；纸张没有充分干燥，残留溶剂会使纸张上的油墨发生经时变化。

2. 解决

控制油墨在储存、印刷过程中的稳定性是最重要的方法。

（1）适当的糊粉隔离了纸张直接吸收溶剂的问题，有效提高纸张的储存安定性。

（2）控制环境条件提高油墨的使用安定性。储存环境温度过高会使某些染料在纸张上逐渐升华，影响转印时转移率，控制湿度可保持纸张转移效果的一致性。

（3）严格筛选并控制纸张的来源，选择合适的 pH。

（七）升华法转移印花设备

升华法转移印花设备可以分为以下两类。

1. 间歇式转移印花机

间歇式转移印花机一般为平板压印机，也叫压烫机。其顶端加热，下部不加热作为织物的支撑。

转移印花时，先将转印纸和被印织物相对铺平重合，放在支撑平台上，再下移上加热板，使转印纸和被转印织物均匀受热、加压，最终使图案被转移到织物上。

2. 连续式转移印花机

连续式滚筒转移印花机用于成卷类织物的转印，可分为毯带式和真空吸引式两种。转移时，纸与被转织物合并在一起进入旋转的加热滚筒，用一无缝的、有良好耐热性能的毛毯紧压，使之与滚筒紧密吻合，或用真空抽气使之紧贴加热滚筒，达到理想的转移效果。

（八）数码热升华转印

数码热升华转印，是通过热升华墨水和热升华转印纸，把个性图案喷墨打印到转印纸张上，再用热转印机进行转印固色。具有无版印刷、周期短、可个性化的特点，主要应用在T恤、制服、鼠标垫、杯子、地毯等上。它包括打印和转印两个过程，打印过程是否顺畅、转印效果是否良好，是数码热升华转印的关键。

图4-7　热转移印花用的压烫机

数码热升华转印的影响因素有：打印干燥速度（干燥时间）；横向伸缩性对打印过程影响比较大；转印时转移率、转印色密度对产品质量影响大。

1. 打印干燥速度的评价方法

以黏脏为原理的打印干燥速度的评价方法，即选择较深颜色（较深颜色图案打印墨量大，打印后通常干燥速度较慢）的色块进行打印，打印后自然放置，一定时间后，利用热升华转印纸的背面以一定压力对色块进行接触、黏脏，如此反复选择不同自然放置时间的色块进行黏脏，直至热升华转印纸的背面粘不下来色块颜色为止，即说明色块已经表面干燥，此时的放置时间即为打印干燥时间，时间越短干燥速度越快。

由于受环境温湿度影响，该方法在恒温恒湿条件下测试有较好的重复性。

2. 转移率的评价方法

利用四色台式喷墨打印机，将一定面积的四色（100%C、100%M、100%Y、100%K）色块图案打印在数码热升华转印纸上，干燥后，利用平板转印机将色块转印到白色100%涤纶色丁布上，转印温度设定200℃，时间为30s。

转印色密度是利用反射密度计测试的转印后布上的四色色块密度。残留色密度，是转印后残留在纸上的四色色块的密度。

转移率＝转印色密度/（转印色密度＋残留色密度）×100%。

布上色块的颜色要比打印后没有转印的纸上色块的颜色鲜艳，其密度也高。不同厂家的转印纸，打印同样图案，纸上打印的色密度不尽相同，但转印到布上的颜色相差不大。所以，打印后纸上图案的色密度并不需要过多关注。

## 第六节　数码印花

数码印花从生产过程上可分为两类：数码转移印花和数码喷墨印花。上节热转印的内容已涉及数码转移印花，本节介绍数码喷墨印花。数码喷墨印花是指将计算机制作处理的各种数字化图形输入计算机，再通过电脑分色印花系统处理后，由专用的RIP软件通过对其喷印系统将各种专用染料（活性、分散、酸性主涂料）直接喷印到各种织物或其他介质上，再经过蒸化、水洗等处理加工后，在各种纺织面料上获得所需的各种高精度的印花产品。

数码喷墨印花按织物的品种和染料的类型可以分为酸性喷墨印花（真丝、尼龙）、活性喷墨数码印花（棉、麻、真丝）、热升华喷墨印花（涤纶）、涂料喷墨印花（几乎所有材质的裁片、成衣）。按织物的形态分为连续喷墨印花、衣片喷墨印花两种。根据织物弹性不同、薄脆度不同等特点，又出现了导带直喷印花和非导带直喷印花。

数码印花技术摆脱了传统印花分色、制片、制网的模拟方式，具有操作简捷、效率高、无污染、投入低、回报高的特点，给纺织印染业带来了前所未有的发展机遇。但需要结合色彩管理来实现色彩再现。

### 一、数码印花的优势

#### （一）简化了工作流程，缩短了工作周期

数码印花的生产工艺流程，摆脱了传统印花分色、出版、制版的过程，从而大大缩短了生产周期。整个过程只需要几小时，而传统打样的周期一般在一周左右，数码印花做到了立等可取，生产批量不受限制，真正实现小批量、多品种、快速反应的生产过程。

#### （二）图像清晰、色彩丰富、质量保证

传统印花由于受图案的限制，很多图像的花色都印不出来，主要是因为图像复杂很难分色、套色太多很难定位、颜色太多很难调色等，造成了印花质量很难控制。数码印花过程由计算机控制，能实现1670万种颜色，突破了传统印花的套色限制。特

别是在颜色渐变、云纹等高精图案的印制上，数码印花在技术上更具有无可比拟的优势，同时也能保证印花的效果与质量。

### （三）操作简单、稳定性强、无技术要求

传统印花需要专业的分色胶片校对人员、专业的制版式人员、专业的调色人员，每一个环节出现问题了都不能保证最后印花的效果。而数码印花只需要一个图形图像的设计师就可以完成，操作简单、稳定性强。

### （四）按需印花、减少浪费、次品率低

数码印花从打样到成品生产，能很好地控制材料损耗，不像传统印花浪费大量的原材料。

### （五）满足日益增长的个性化需求

可根据消费者的个人需求将电子文件直接输出至喷绘机，经打印成型后形成产品，实现快速和个性化的消费需求。

### （六）绿色环保、降低污染

无污染生产，数字印花无须冲洗花版，也不需要使用大量水冲洗印花织物以退去表面浮色，因此没有严重的染料等原料造成的环境污染。

## 二、数码印花目前存在的问题

### （一）生产成本高

数码印花生产虽然在节能、环保方面改善明显，但耗材成本过高，数码喷墨印花机和墨水价格较高，成了产品普及的一个主要障碍。

### （二）生产速度较慢

数码印花机的速度一般 $60m^2/h$，生产效率低，很难使数码印花产品实现规模化生产。

### （三）需要与相应的后处理设备配套

喷墨印花后进行汽蒸或焙烘固化以及洗涤后处理，需要相应的设备，经济实力不雄厚的厂家受到限制。若利用原有染料印花的固化和后处理设备，只是增加数码喷射印花机，厂家的经济压力便可得到缓解。

## 三、数码印花的工艺控制

喷墨印花工艺流程主要包括纺织品前处理、烘干、印花、烘干、汽蒸（120℃，

8min，使活性染料固色）、水洗、烘干等流程。在印花前，为了提高纺织品表面纤维与墨水的润湿、附着及固化效果，同时防止墨水渗透，这称作预处理或前期处理。

（一）对承印物预处理

对于非渗透或渗透性差的纺织品材料需进行脱酯处理，降低墨水在其表面的铺展效果；对于渗透性好的承印材料，需要使用较高假塑性高分子或增稠剂对纺织品进行预处理，从而避免墨水在纤维上固着时沿纱线方向水平芯吸。

为了提高最终的印花质量，满足后续印花工艺适性要求，纺织品在喷墨印花前都要进行前期处理，下面主要从几种常见的纺织品材料来探讨喷墨印花工艺流程中的前处理措施。

1. 棉织物的预处理

棉类纺织品具有光泽柔和、质地柔软、坚固耐用、上色性好等优点，在传统印花工艺中使用最早，其工艺流程也最完善、成熟。所以，棉类纺织品只要保证其印花适性符合喷墨印花与传统印花工艺的不同所带来的特殊要求即可。

比如喷墨印花过程中，墨水向棉类纺织品表面的转移方式是通过喷头喷射的形式，所以要在印花前期在棉类纺织品表面预轧助剂（上浆）时额外加入增稠剂海藻酸钠，以此来抑制喷射在棉织物上的墨水扩散，提高棉类纺织品印花精度。同时，还要保证纺织品表面纤维与墨水结合时的碱性环境以及印花车间的温湿度在一定范围内（一般要求喷墨印花时温度保持在 18 ～ 25℃，相对湿度大于 50%）。

2. 毛类纺织品的前处理

毛类纤维表面呈鳞片层结构，所以对于毛类纺织品，印花的关键在于能否在其表面顺利地上色并固化，通常都是通过改善其表面对墨水的吸附能力来实现。

（1）从纺织品上浆工艺方面来改善

毛类纺织品比较薄，需要涂布一定量的浆料附着在纤维表面并渗化。现今常用的浆料为海藻酸钠，选用 9% 的海藻酸钠原糊，同时添加一部分助剂按一定比例进行配制（海藻酸钠原糊 45%，尿素、甘油、硫酸钠各 3%，溶剂为水）。当然，过多的浆料在纤维表面吸附，也会阻挡墨水与纤维接触，最终会导致墨水不能在纺织品表面吸附，造成脱色等印花故障，一般将上浆量控制在 20% 为宜。

（2）通过助剂来改善毛类纤维的表面结构

前面已经提及，毛类纤维表面的鳞片结构是影响其上色的关键，可以通过助剂来改善毛类纤维的表面结构，使其变得疏松，从而提高纤维表面和墨水的结合力。通常选用毛类染色助剂三羧乙基膦（TCEP）对毛类纺织品进行处理（上浆前和上色后蒸化阶段），通过化学反应破坏毛类纤维鳞片层的二硫键，提高其疏松性，改善后续的上色和固色效果。而低温助剂的使用，不能选择性地破坏印花区域的纤维结构，这会造成印花后的纺织品在水洗过程中非印花区域沾色现象，这需要在印花后水洗过程中添加防沾色助剂来改善；并且低温助剂的使用在改变纤维表面结构的同时，还会降低纺织品表面的光泽效果。当然，将低温助剂加入印花墨水中，可以有效地避免上述弊端，这也是现今喷墨印花墨水的研究方向之一。

3. 丝绸类纺织品的预处理

对于丝绸类纺织品喷墨印花，印花质量主要从花型轮廓的清晰度和印花颜色的色强度两个方面来衡量。类似于棉类纺织品，我们要防止印花墨水在转移到丝绸类纺织品表面后的渗化现象；同时还要保证印花墨水在丝绸类纺织品表面的固着效果。鉴于丝类纤维的特性，我们在进行上浆工序时，对浆料成分中的糊料以及各助剂成分比例都有了更高的要求。

在丝绸类纺织品喷墨印花中，我们常用的糊料有 P3 糊料和 DGT-7 糊料。糊料的比例大小还要考虑纺织品厚度，丝绸类纺织品从厚度方面可以分为洋纺等薄型纺织品和素绉缎等中厚型纺织品。

对于洋纺等薄型纺织物，由于其吸湿量小且面料薄，墨水很容易渗化，所以在糊料选择时要选用抱水性能好的材料，同时糊料中要包含部分合成增稠剂，用来提高糊料的抱水性、提高纺织品上色效果，避免渗化现象。此外，选用的糊料在前期处理时对纺织品有很好的润湿性和渗透性，这最终会影响到糊料在纺织品表面的成膜容易程度和厚度，过薄会影响上浆时纺织品表面的糊料均匀性，过厚会影响到后续印花的色牢度。一般情况下，薄型纺织品的成糊率控制在 3.5% 左右。

对于素绉缎等中厚型纺织品，P3 糊料也有着很好的上色效果，只是纺织品的厚度影响到糊料的渗透，所以要适当降低 P3 糊料的成糊量，同时添加一定量的渗透剂或改变浸轧方式，来提高 P3 糊料的渗透效果。一般情况下，中厚型纺织品的成糊率控制在 3% 左右。

在浆料组分中，尿素作为吸湿剂，随着含量的增加会提高墨水的上色量，但也会影响到印花的精细度，比如当尿素含量超过 5% 时，薄型纺织品的黑色渗透非常明显。

根据实际生产经验，综合上色量和产品精细度两方面因素，薄型纺织品的尿素组分确定在 3% ～ 5%，厚型纺织品的尿素组分确定在 5% ～ 8%。

为了保证后续印花墨水与纺织品表面纤维进行充分的反应进而提高色牢度，我们还要尽量控制浆料的 pH，避免墨水在汽蒸前被水解，并促使墨水中的染料与纺织品表面纤维在汽蒸过程中发生反应，提高固色效果。

4. 化学纤维纺织品的预处理

化学纤维喷墨印花工艺的前期处理工序和天然纤维相同，但是由于大多数化学纤维结构中缺少亲水基团或者亲水基团较少，并且由于是经过人工处理，其表面结构相对于天然纤维较光滑，所以大多数化学纤维纺织品的亲水效果较差，不利于喷墨印花工艺后续的印花工序。因而对化学纤维进行前期处理时，侧重于改善化学纤维的亲水性方面，处理方法有化学方法和物理方法两种。

化学改性方法通常有三种：①通过聚合、共聚等化学反应在纤维的大分子结构中引入大量亲水基团，以此来提高纤维分子的亲水性；②将纤维分子与亲水物质进行接枝共聚；③对纤维表面进行亲水处理，在化学纤维纺织品表面增加一层亲水性化合物，即亲水整理剂。目前市场上常用的亲水整理剂有两类，一类是丙烯酸系单体，另一类是结构中含有亲水部分和固着部分的表面活性剂。前两种方法的使用会降低纤维原材料的一些优良性能，比如会出现上色牢固度下降、产品硬化等现象。所以常用的化学改性办法主要是第三种，即使用亲水整理剂，该方法处理起来较为简单、成本低廉，并且能在保护纤维原特性的前提下提高纤维吸湿性能，但缺点是处理后的纤维亲水耐久性差、耐洗涤性差，所以还需要在后续进行汽蒸固化时进行特殊处理。

物理改性方法包括与亲水性物质共混或复合制得混纺纺织品或复合纺织品，因材质的混合不属于本教材探讨的方面，在此不做叙述。对于单一的化合纤维，还可以通过纤维结构微孔化、纤维截面异型化、纤维表面粗糙化的方式来改变纤维的形态结构、截面形状和表面接触角等方面，以此来提高纤维的亲水性，达到喷墨印花工艺所需适性。

此外，化学纤维的种类比较繁多，各种纺织品的性能也各异，还需要在印花过程中因材料而异，需要做相应处理进行完善，比如腈纶属于热塑性纤维，在汽蒸过程中很容易变形，且在应力作用下易变形。

### （二）数码印花的精度

提到印花精度，人们总是会联想到印花分辨率是多少，是 1440dpi 还是 720dpi，其实这只是印花精度的一部分，印花精度会涉及多个方面，比方说喷头分辨率、机械精度（步进精度、轴辊的机械精度）、墨水和喷头的匹配度等。

1. 喷头分辨率

目前市场上的喷头有压电喷头、热发泡喷头、写真用喷头、工业喷头，其中印花最常用的喷头为压电式的写真用喷头和工业喷头，压电式写真用喷头以 EPSON 四代头、五代头、六代头为主，五代头是主流产品，最高分辨率为 1440dpi，其中支持 720dpi、540dpi 打印模式，这也是目前印花机使用最多的喷头。另外，部分厂家选用工业喷头，如美国 SPETRA、日本理光、日本 Kyocera 等，工业头一般分辨率为 720dpi 左右。工业喷头和 EPSON 喷头相比，价格高，但使用寿命长，分辨率低，墨滴大，但从纺织印花角度来讲，由于织物的纤维比较粗，720dpi 以上的分辨率，从视觉效果上是很难区分出来的。从喷头角度来讲，由于喷头技术由少数几个厂家所垄断，印花机厂家都从这些厂家采购，所以，实际上如果选择机器印花精度，喷头方面大家起点基本上是一样的。

2. 机械精度

机械在印花方面的影响其实远大于喷头的分辨率，因为机械加工一直是国内加工业的短板。一般印花机的幅面为 1600 ～ 2200mm，轴辊的长度一般要达 2200 ～ 2800mm。以意大利 MS 导带式直喷印花机为例，轴直径为 400mm，长度 2200mm，轴直径、同心度、直线度等综合误差为 0.003mm，即印花一个周长的机械误差为 0.01mm，加工一根这样的轴的难度可想而知。但同样地，如果某公司产品直径误差 0.1mm，那么在打印过程中，喷头在两次喷墨的连接部位，一侧可能出现了交叉，而另一侧却有 0.3mm 的白线出现，这是任何客户都不能接受的。同理类推，如果同心度和直数码印花线度出现问题，后果也是类似的。装配精度不够，同样也是影响印花机械精度的主要原因。例如，平行度不够，造成织物跑偏，轴承质量不过关，磨损不一致，也会影响到平行度的问题。最后，伺服电机及控制系统，除个别小厂产品外业内一般都会采用国际大品牌的产品，对机械精度影响不大。

3. 墨水方面

一般人认为墨水可能影响色彩的饱和度、色牢度、着色量，但事实上，墨水对印花精度也会有很大的影响。比较明显的是，如果墨水的流畅性不好、机械杂质多，可能会出现断线、堵头现象，印花过程中出现小白线，从而影响印花的精度。如果墨水的黏度、表面张力等参数出现问题，可能造成斜喷。再有就是墨水的保存稳定性，批与批之间的统一性等，都是印花质量问题的主要原因。

### （三）蒸化深浅现象的解决

蒸化深浅是数码印花中的常见瑕疵，包括色差、黄白、雕色不清等。其产生原因是多方面的，一般认为，它主要与蒸化的湿度密切相关。不同的品种、花型、染料墨水、工艺、设备、供汽、气候等，要求蒸化的湿度各不相同，也就是说，若蒸化湿度不合乎客观情况，就容易产生蒸化深浅。蒸箱蒸化的工艺参数为温度、湿度及时间。其中，温度和时间较易控制，而湿度较难控制。若箱内织物各部分的湿度不一，就会有深浅的现象出现。另外，吸湿率因织物而异，真丝绸为11%，而涤纶织物仅0.4%。因此，要根据织物品种来决定给湿。防止蒸化深浅的关键在于掌握好湿度，具体措施如下：

（1）丝绸蒸化前宜给湿，使含湿率达20%左右。

（2）前道印花半成品要干、湿均匀，并先来先蒸。对数码印花织物，其印花后的半成品要妥善安放，使之充分自然回潮。

（3）蒸箱挂绸不宜紧密，要松而匀，而对容易产生深浅、不稳定的色泽，宜采用星形架挂绸。当印花半成品两边干湿不匀时，由于蒸箱上方的温度高，下方的湿度大，应将湿的一边挂于上方。

（4）蒸化操作方面，应通过蒸汽管控制适当温、湿度，气候干燥时，箱底麻袋布上可浇水，以增加湿度。此外，蒸化时要确保蒸汽循环畅通，前后工序即打样配色、数码印花操作要密切配合。

## 四、喷墨印花墨水

喷墨印花墨水一般由着色剂、水或环保型弱溶剂和各种添加剂（如防菌剂、稳定剂、pH 调节剂、保湿剂等）等组成，是喷墨印花生产的主要耗材。与纸张用喷墨打印墨水相比，织物用喷墨印花墨水除了对着色剂纯度、不溶性固体颗粒粒径及墨水黏度、表面张力、电导率、pH 等有具体要求之外，还要求墨水喷射到织物上形成图案后，在不能影响织物手感的前提下，必须具有良好的耐水洗、耐摩擦和耐光老化等色牢度。

按照使用的着色剂的种类不同，喷墨印花墨水可以分为染料墨水和颜料墨水两种。相比染料墨水而言，颜料墨水喷墨印花具有以下优点：对不同的纤维具有通用性；色彩表现力好；耐光牢度好；无染料和助剂的废弃和浪费，无污水排放，是一种更加体现环保概念的印染技术。颜料是一种不溶于水和大多数有机溶剂的色素材料，在应用于纺织品的印花和染色前，需先与分散剂和其他添加剂一起粉碎加工，制成颗粒细小且具有足够分散稳定性的水性颜料分散体系。颜料对任何纤维都没有亲和力，必须借助黏合剂的作用才能固着在纤维上，但也恰好是因为这一点使颜料对织物具有通用性而在纺织领域中被广泛应用，几乎适合所有纤维织物的印花和染色，如棉、毛、丝、麻、涤纶、锦纶、腈纶等及其混纺产品。

近年来，随着各类技术的发展和需求，出现了一些新的技术，如将丝印和喷墨技术结合起来的印花技术，丝印机用于打底印底色，喷墨印刷用于在底色上获得图案，充分发挥了丝印和喷墨技术的优势；绣印结合的印花技术，使用 GTX 数码打印机在织物上打印图案后再在局部细节部位绣花，使产品立体感更强。

# 第七节　特种印花

特种印花是将织物的最终成品显示出特殊效果的印花方法。例如，纺织品上的印花有凸出立体感称为发泡印花；产生变色效果称为变色印花；有珠光效果称为仿珍印花；产生透明花型效果的称为烂花印花。一方面是在原有特种印花基础上开发的新技术；另一方面是新开发的特种印花技术，其中包括新型的金光印花、银光印花、微胶囊特种印花、浮水映印花、易去除特种印花和纳米涂料特种印花等。本节重点介绍微胶囊印花。

染料或香料等化学品经微胶囊包覆后再进行印花，并在织物上获得彩色微粒子的特殊印花效果的新型印花法，通称为微胶囊印花，又称多色微点印花或斑点印花。这种特殊印花效果具有独特风格，超过一般“雪花”效果。胶囊里面包覆香料称为芳香微胶囊印花、包覆变色染料称为变色微胶囊印花、包覆金彩染料称为多彩微胶囊印花等。微胶囊由囊心和囊膜两部分组成，染料作为囊心；囊膜是由亲水性的高聚物材料组成，如明胶、果胶、琼脂等甲基纤维素、聚丙烯酸或马来酸共聚物等。囊膜将囊心与外界环境隔离开来，囊心中的物质可以免受外界湿度、氧气、紫外线等因素的影响。只有在印花后进行蒸汽处理时，微胶囊壁膜破裂释放出染料而上染。微胶囊产生的彩色特殊效果是一般印花方法无法获得的，如在布的一面完成斑点印花烘干之后可在布的另一面再进行一次这样的印花，即可获得双面多色斑点印花产品。

微胶囊印花的要求如下。

（1）微胶囊的粒径不可过大，一般控制在 10 ～ 200μm，否则会堵塞网版，过小会使雪花点边缘不清晰。

（2）囊膜要有一定的机械强度，纺织印花过程中刮刀压力使囊膜过早破裂。

（3）由于网孔易被堵塞，必须提高印花浆液黏度，以防止微胶囊化染料的聚结。

（4）网版网孔孔径必须大一些，以防被堵塞。

## 思考题

1. 织物的特点是什么？印花的类型有哪些？

2. 对比涂料印花、染料印花、转移印花等的特点及工艺过程。

3. 直接喷墨数码印花的优缺点有哪些？

# 第五章　建材印刷制造原理与技术

现代家装建材主要以金属、木材、陶瓷、玻璃、纸张、塑料等为重要的基础性材料，用于制造天花板、地板、瓷砖、玻璃、家具、壁纸等。例如，玻璃用网印技术形成图案，用于展示橱窗、建筑空间分区、建筑物外观美化和镶嵌玻璃。喷墨印刷技术的介入，给建材企业带来了新的市场机遇。以陶瓷行业为例，越来越多的陶瓷企业涌入喷墨印刷行列，如诺贝尔、冠军、斯米克、新中源等陶瓷企业纷纷推出陶瓷喷墨墨水，打印在陶瓷坯料上然后一起进行烧结形成陶瓷釉彩。

## 第一节　陶瓷印刷制造技术

### 一、基础材料

#### （一）陶瓷釉料

制造陶瓷的原料主要有黏土（高岭土）、燧石、长石。陶瓷制品的性质取决于原料的质量及黏土、石英、助溶剂（长石类物质）三者的比例，一般的组成中黏土占50%、石英类占25%、长石类占25%。

釉是指覆盖在陶瓷坯体表面上的一层均匀而薄的玻璃态物质，通常为0.2～0.4mm，具有玻璃所固有的物理化学性质。釉的作用包括改善陶瓷坯体的表面性能，例如，可使陶瓷表面光滑；降低陶瓷表面的气孔率；增强陶瓷制品的机械强度；提高陶瓷制品表面的抗化学腐蚀性能。釉不单纯是硅酸盐，有时还含有硼酸盐或磷酸盐，其均匀程度与其制品的成分、烧成温度、烧成时间有关，可能含有气体包裹物、未起反应的石英结晶、新形成的矿物结晶。釉在煅烧过程中不会像玻璃一样流动，而是依附在陶瓷坯体的表面。在陶瓷装饰中为获得稳定呈色且颜色上佳的色调，除选择稳定质量的色料外，基础釉的选择也至关重要。选择合适的基础釉配方可使不同颜色的色料发出其最佳的颜色。

（二）陶瓷色料

陶瓷色料亦称陶瓷着色剂，是由着色离子或质子团与其他氧化物形成的具有一定结构的稳定晶体或固熔于稳定晶格结构的固熔体，是一种用于着色的矿物。以过渡金属、稀土金属或其他金属为发色元素，以某种特定的晶型为载色母体。例如，黑色由蓝色、棕色、绿色混合而成；红色由硫化钙和硒组成得到；黄色由氧化铅、氧化锑和硫化镉组成；蓝色是钴蓝；白色是钛白粉；玫瑰色和紫色是氧化锡。通过高温煅烧后，不同金属氧化物以特定的方式同陶瓷釉面或坯面牢牢地结合在一起产生不同的颜色，因而不会出现褪色或者掉色现象。

呈色由陶瓷色料本身的性能与陶瓷色料和釉料的匹配度决定。陶瓷制品的烧成是陶瓷坯体在 950 ～ 1400℃的高温作用下发生一系列物理化学反应，在陶瓷行业素有“原料是基础，烧成是关键”。如要使着色剂充分显示某种色相，必须从各方面进行控制。通常是将一种或两种以上的着色元素制成颜料，颜料中各种添加剂（如母体矿物、矿化剂、熔剂等）的组成和结晶构造对其色彩具有特殊的影响。颜料的烧制温度、时间、火焰性质、坯釉的组成和颗粒细度及操作方法等对颜色的变化也有重要影响。例如，铁在烧制时，二价铁离子使釉呈绿色或青色，二价铬离子使釉呈黄色或棕色；而三价铬离子使釉呈绿色，在另一种情况下则可使釉呈粉红色。

因此，要求陶瓷色料具有较高的耐热性以及高温稳定性，即在陶瓷制品的生产温度或烧制温度下，不分解变色，不挥发。同时，必须具备一定的抗熔融物侵蚀的化学稳定性，即不受高温熔融物的侵蚀而导致结构破坏、色调改变。

用于陶瓷色料的主要元素有能被电子填充的过渡元素、稀土元素和主族元素砷、锑、硒。按组成可分为氧化物型、复合氧化物型、硅酸盐型、硼酸盐型、磷酸盐型、铬酸盐型；按晶体结构可分为刚玉型（赤铁矿型）、金红石型、萤石型、尖晶石型、烧绿石型、石榴石型、榍石型、氧化锆型（斜锆石型）、锆英石型、方镁石型、橄榄石型、硅铍石型及红柱石型，其中最常见的是刚玉型、金红石型、尖晶石型以及榍石型；按用途可分为坯用色料、釉用色料、釉上彩料及釉下彩料；按色料呈色可分为黑色、灰色、黄色、棕色、绿色、蓝色及红色。

### （三）辅助剂

1. 釉下稀释剂和熔剂

稀释剂为稀释釉下着色剂，并可在坯料上施釉时不损伤画面，使之固定在坯面混合使用的无色原料。典型的釉下熔剂由以下原料组成。

（1）釉烧陶瓷粉。

（2）长石、石英、高岭土的混合物。

（3）硼砂和石英的混合物，如硼砂 54%、石英 46%。

（4）含玻璃的混合物，如燧石玻璃 53%、石英砂 47%。

（5）氧化铅、硼砂、石英的混合物，如铅丹 61%、硼砂 8%、石英 31%。

2. 釉上熔剂

釉上装饰用的着色剂混有低温熔融的玻璃或熔剂，此混合物有时也称为熔剂。在烤花窑 700 ～ 850℃温度下，熔剂熔入釉中以固定画面。用贴花、手绘、丝印方法装饰时，往往使用各种有机物胶黏剂，这些物质须在釉烤初期挥发掉或燃烧掉。

## 二、陶瓷印刷

### （一）陶瓷直接丝网印刷法

陶瓷制品直接丝网印刷已成为一种主要的陶瓷装饰手段，是在陶瓷坯体上直接实施印刷的方法，步骤如下。

（1）将颜料的氧化物或硫化物原料经高温反应，再通过一系列机械研磨得到粒度为 10 ～ 20μm 的粉末。

（2）该粉末悬浮在流体中得到玻璃状的糊状物（溶剂为铅硅酸盐玻璃体）。

（3）将糊状物均匀地涂覆到未经煅烧的陶瓷坯体表面上。

（4）高温煅烧后，在陶瓷坯体上熔化生成牢固耐久的成色固体并烧掉液体载剂。

陶瓷制品直接丝网印刷工艺简单，操作容易，工序少且效率高，有利于实现机械化生产，图案完整、无接口，立体感强。在印刷过程中，网框内的色釉量应保持适当，经常注意网版网孔通透情况，发现网孔堵塞，用湿海绵块蘸少量水，擦洗丝网两面，最后用干净软布将和坯体接触的一面擦拭干净。

用于印刷的瓷釉油墨有冷印瓷墨和热印瓷墨。冷印瓷墨一般由着色料（金属氧化物）、助溶剂（低熔点硼、铅玻璃体）的混合物与适量连接料经轧研机轧研而成。热印瓷墨是陶瓷颜料与连接料以一定比例混合（颜料：介质=2～2.5：1）而成。印刷前，需将热印瓷墨加热到55～70℃，利用印料受热液化的特点，使热印瓷墨由糊状变为胶体状。印刷时，印版也要预热至55～70℃，且一定要进行恒温控制，使版面温度始终保持在该范围内。当胶体状的热印瓷墨印刷在只有常温的瓷器表面后，由于温度的下降而立即被冷却固化，再用同样的方法印刷其他颜色，且彼此不会互相影响。印刷结构的精细或粗糙程度和套色的数目通常也作为选择印料时的参考因素。结构较细、套色少的产品，选用冷印印料（溶剂型）为佳，结构粗糙、套色较多、干燥要求快的产品选用热印印料。

### （二）陶瓷釉下贴花纸丝印法

该方法首先将釉下瓷墨通过丝印印在蜡纸上，再转贴到没有经过烧烤的瓷坯上，撕去蜡纸，图文黏附在瓷坯上，然后施加上釉层，经烧后呈现色彩。采用丝印釉下印刷装饰工艺不但能节省工时而且能使画面色层丰富。

1. 贴花纸设计

（1）用色要考虑烧结温度

在设计陶瓷贴花纸时必须了解并掌握各种陶瓷颜料的性质、特征，尽量避免在同一画稿中，使用烤烧温度差别大的颜料，以免在烤烧过程中，由于烤烧温度的差异而造成某些颜料的不熟或过火。

（2）颜色搭配问题

由于各种颜料的发色元素不同，在烤烧过程中某些颜料会变色，或者出现一种颜料还在，另一种颜料会变淡甚至消失的现象。例如，镉黄和茶色搭配在一起时，会只剩下茶色。设计时需掌握各种颜料的特性。

（3）用色、叠色不能太多

丝印颜料的特征是印品的墨层厚，颜色鲜艳。因而，在设计时尽量设计一些色块鲜明、层次较少的花纸；同时，在同一画稿中用色与叠色都不要太多，以免烧制后颜色变化。

2. 陶瓷贴花纸

早期国内的陶瓷贴花纸采用聚乙烯醇缩丁醛（PVB）作为贴花纸的载体，其膜质较脆、缺乏韧性，对大面积装饰和异形器皿贴花较困难，贴好后不能移位。且PVB膜烤烧时，炭化温度偏高，对搪瓷、玻璃等低温快烧产品不易掌握。后来广泛采用移花膜花纸。移花膜花纸由纸张、水溶胶层、印刷画面、移花膜组成。图文直接印在纸上，吸墨性强、网点再现性好，更能适应精细高档产品的要求。贴花前将移花膜纸浸入水中，并迅速与胶水纸脱离，后贴附于大面积或异形器皿上。烤花时，能在500℃以下使膜完全分解，在器皿上不留阴影残迹。

3. 陶瓷油墨

陶瓷油墨主要由着色剂、溶剂组成，着色剂为无机着色矿物质，溶剂为铅硼硅酸盐玻璃体，二者进一步加工制成固熔体或混悬体颜料。为实现四色印刷，关键是选用透明性较好的黄、品红、青三种色料，以及黄品红青黑五种色料能够共同使用的统一溶剂。

网印釉下贴花纸与一般丝印工艺相同，要注意印刷工序之间保持恒温、恒湿，纸张应进行调湿处理。

### （三）陶瓷釉上贴花纸丝印法

该方法通过丝印将陶瓷墨漏印在PVB膜上，形成图像，再转贴到陶瓷器皿上，经烧烤后呈色。

按贴花工艺不同，贴花纸可分为转移贴花纸和移花膜花纸，两者的区别在于前一种花纸上的图案在贴花时要朝向瓷器。

安排印刷色序时，要注意先浅后深的色序；小面积文字或线条先印，面积大的墨放在后面印刷，这样可避免大面积划伤或蹭脏其他色块。套印时，先印实地后印叠加在上面的网，这样层次分明，立体感和空间感强。

### （四）陶瓷喷墨打印技术

该方法是将陶瓷表面装饰所用着色剂制成多色墨水，通过计算机控制的打印机将其直接打印到未经煅烧的陶瓷坯体表面进行装饰。该技术可以方便地制作各种复杂的装饰图案，既可提高产品的设计、开发及生产效率，也增加了装饰效果。同时，不必拘泥于平面，可实现在落差达40mm的凹凸面上打印图案。

意大利Kerajet是世界上第一家拥有陶瓷喷墨设备技术专利的企业，早在2004年就已经申请了该专利。喷头是陶瓷喷墨打印机的核心，其成本占喷墨打印机的70%以上。目前，我国陶瓷行业应用最多的喷头是日本精工、英国赛尔、美国Spectra和日本Konica Minolta（柯尼卡美能达）。英国赛尔XAAR1001/GS12喷头材料为特氟龙，因此不耐磨，随着打印时间的增加，喷孔易变形，打印质量明显下降。美国北极星喷头采用不锈钢制成，不易被墨水腐蚀。为了实现陶瓷墨水在打印机上良好打印，就必须具有符合打印的某些性质，如颗粒的大小、黏度、导电率等，其中最主要的是陶瓷颜料的粒径和墨水的黏度。陶瓷喷墨墨水由着色剂、溶剂、分散剂及其他助剂（黏结剂、pH 调节剂、催干剂）等组成。着色剂粉料是墨水的核心物质，为了保证颜料墨水的分散稳定性，减少堵塞喷嘴等操作故障，通常要求颜料粉体的粒径小于 1μm，最好小于 200nm。分散剂可以保证陶瓷颜料粉体可以在溶剂中均匀稳定地分散，以确保制备好的陶瓷墨水在喷打之前不发生团聚。同时，为了确保陶瓷墨水的连续喷射，墨水的黏度要尽量的低。

1. 着色剂

着色剂是墨水显色的关键组分，主要包括各种金属氧化物及金属无机盐等颜料，如铬铝红色料、钒锆黄色料、钴铁黑色料及钴铝蓝色料。需要着色剂有较高的溶解度或分散度，还需具备一定的溶解稳定性，不与溶剂或助剂发生反应，自身不发生团聚或分解而变色。同时，还需具备较好的显色性能，即经高温煅烧后显色效果好且颜色稳定。

2. 溶剂

溶剂是将着色剂从打印机输送到被装饰物品表面的载体，要求溶剂具有较低黏度、易挥发且与其他助剂相溶。

溶剂分为水溶性溶剂和油溶性溶剂，如醚类、脂类和多元醇、直链烷烃、环烷烃等。目前产品主要集中在油溶性陶瓷墨水方面。

3. 分散剂

分散剂具有调节陶瓷墨水的分散性及稳定性功能，使着色剂在溶剂中均匀分散，并保证在打印前不团聚。采用非离子型高分子，如聚酯酸、聚乙二醇等，其增强了陶瓷色料颗粒之间的排斥作用，有效地阻止陶瓷墨水的聚沉。

4. 助剂

（1）黏结剂：可克服陶瓷的脆性，增强陶瓷墨水的强度，防止烧结出来的产品出现裂缝或气孔。常用的黏结剂有聚乙烯乙醇、聚乙烯缩丁醛和聚丙烯缩丁醛等。

（2）电导剂：增加陶瓷墨水电导率。如硝酸铵，一般用于水溶性陶瓷墨水中。

（3）pH 调节剂：要求陶瓷墨水的 pH 在 7 ～ 12，以减少对喷头的腐蚀。常见的 pH 调节剂有硫酸盐、氨水。

稳定性和流畅性是喷墨墨水适应打印性能的基本要求。喷墨墨水的稳定性体现在颜料组分在喷墨体系中的稳定性，保持颜料颗粒在墨水体系中的分散性，有利于墨水的保存和打印。流畅性是满足喷墨墨水打印过程喷头不被堵塞的性能，表现在喷墨墨水颜料在墨盒或喷头中是否有析出的现象。喷墨墨水的耐候性是打印画面保存性能的体现，耐候性同颜料的选择有关，也与墨水成膜物质的性能有关，取决于颜料自身的耐光稳定性和树脂体系的耐候性。

目前陶瓷墨水的制备方法主要有：分散法、溶胶法、反相微乳液法等。分散法是目前国外陶瓷墨水公司的主要制备方法，其主要制备工艺是将制备好的陶瓷颜料粉体与溶剂、分散剂混合，采用球磨或者研磨的方式分散，从而获得稳定分散的悬浮液。这种工艺方法与传统的浆料制备方法相近，这种分散的机理属于静电—位阻稳定机制。溶胶—凝胶法是制备超细粉体的一种比较成熟的湿化学法。利用该方法制备陶瓷墨水的时候，仅利用第一步即可，即仅进行溶胶的制备，使溶胶稳定的分散直接就可以作为陶瓷墨水进行使用。反相微乳液，即油包水（W/O）微乳液，是指以不溶于水的油相为分散介质，以水相为分散相的分散体系。在近代，反相微乳液作为无机材料的反应介质已用于制备各种小颗粒的金属和无机材料。鉴于反相微乳液优良的分散稳定性能，以及对制备的颗粒的粒径的可控性，许多研究者将反相微乳液技术应用到陶瓷墨水的制备，取得了较大的成绩。对于陶瓷装饰性墨水不仅需要考虑与喷墨打印机匹配，而且需要考虑高温煅烧后的颜色变化是否能满足图案要求。

在着色陶瓷墨水的基础上，一些带有特殊效果的陶瓷墨水也在不断研制中。例如，剥开釉墨水，利用釉料由外向内往下渗透，陷入下沉，形成裂纹纹理，得到天然大理石般开裂下陷效果；金属釉墨水，在釉料表面形成金属光泽，在仿古砖上表现出贵金属的质感及仿天然石材中更自然的金属质感。

除了用于着色的装饰性陶瓷墨水外，还有一类功能陶瓷墨水，可赋予基体表面以力学性能、光催化性能及电学性能等，核心是功能陶瓷粉体，如 $ZrO_2$、$TiO_2$、$BaTiO_3$ 及 PZT。Zhao 等用 14% $ZrO_2$- 石蜡悬浮液通过按需压电打印喷头制备了数组精密陶瓷瓷柱，此结构可用于微型热交换器、假肢及压电陶瓷复合材料等。

## 第二节　玻璃印刷制造技术

玻璃作为一种透明材料，其制品的生产正向造型的多样化和印刷的精美化方向发展。玻璃印刷是指以玻璃为主要产品的印刷方式。玻璃制品的印刷可采用丝网印刷、喷墨印刷和转移印刷方式等。目前大多采用丝网印刷方式，玻璃网印产品的类型有车用侧窗及风挡玻璃装饰、建筑幕墙玻璃标识及图案、家电家具玻璃装饰面板等，图案有实地色块、图文及线条、彩色阶调等。由于玻璃是无机材料，化学稳定性好，表面光滑缺乏吸收性，它与油墨中的连接料有机物结合力小，导致油墨的附着性和耐久性小，印刷后往往要进行高温烘烤处理，这要求油墨层有一定的厚度和耐热性。

玻璃印刷的关键问题是，如何正确选用特殊油墨和进行必要的后处理（玻璃表面与油墨中树脂连接料结合力小），同时采用合理的丝网印刷方式以实现玻璃制品的精美印刷（玻璃平滑、脆性大）。

## 一、玻璃的组成和特性

玻璃是由原料加热成熔融态再冷却而制成的无定型固体，各构成化学成分之间没有恒定的比例关系。主要原料是某些元素的氧化物，如 $SiO_2$、$Fe_2O_3$、CaO、PbO 等。这些氧化物可分为三类：一是能独立形成玻璃的网络，如 $SiO_2$、$B_2O_3$，被称为玻璃生成体氧化物；二是自身不能形成玻璃态，但能同某些氧化物一起形成网络，如 $Al_2O_3$、$V_2O_5$，被称为玻璃中间体氧化物；三是能使网络断裂的氧化物，如 $Na_2O$、$K_2O$，被称为玻璃网络外体氧化物。

玻璃表面能较高，即使新制成的玻璃表面遇到空气也会很快被一层吸附膜所覆盖，使玻璃的表面能降低，从而使润湿性变差，接触角增大。另外，吸附膜还使玻璃的断裂强度降低，所以在印刷前进行适当的表面处理是必要的。

玻璃表面的处理目的是清除表面的覆层和污物，以改变其表面活性，使之有利于润湿和黏接。

表面处理的方法包括化学处理、涂层、机械处理等。

（1）表面涂布硅氧烷偶联剂法。

（2）脱脂法。

（3）浸泡法。

（4）机械处理。

## 二、玻璃印刷油墨的组成

玻璃的丝网印刷使用玻璃釉料，在玻璃制品上进行装饰性印刷。玻璃釉料也称玻璃油墨，是由着色料、连接料混合搅拌而成的糊状印料。着色料由无机颜料、低熔点助熔剂（铅玻璃粉）组成；连接料在玻璃丝印行业中俗称刮板油。印刷后的玻璃制品，要在火炉中，以 520 ～ 600℃的温度下进行烧制，印刷到玻璃表面上的釉料才能固结在玻璃上，形成绚丽多彩的装饰图案。

（一）着色剂

着色剂至少要在 500℃的温度，在助熔剂的参与下被烧制，所以着色剂应耐高温，并与助熔剂不易发生化学反应。主要有绿色、蓝色、黄色、褐色、红色、黑色、白色。

（二）助溶剂

助溶剂主要作用是降低色釉的熔点，即在玻璃呈软化状态时色釉可嵌入其中使之牢固附着。助溶剂一般为低温下耐水性良好的氧化铅和氧化硼、抗酸性氧化钛、抗碱性氧化锆等。

助溶剂的性能最重要的是热膨胀系数要与玻璃接近。如果助熔剂的膨胀系数与被印玻璃差距较大，烧制后就会发生剥离。玻璃彩釉的助熔剂中还加入了 $SiO_2$、$ZnO$、$Al_2O_3$、$Li_2O$ 等物质以提高膨胀系数。

在助熔剂中混入着色剂进行烧制的时候，为使其色彩鲜明，应加入一些白颜料，这是由于大部分玻璃是透明的，而彩釉一经烧制熔化成的玻璃也呈透明状。用镉红或黄色做着色剂时，必须在助熔剂中加入少量的氧化锆。

（三）刮板油（连接料）

由于玻璃釉料是粉状的，需加入刮板油使其成为糊状彩釉方可进行印制。为使印刷容易进行且印刷后不出现线条紊乱现象，必须尽量少使用刮板油。刮板油在印刷后的玻璃器皿入炉烧制之前要挥发掉一部分，另一部分在达到烧制的温度之前应完全挥发掉。

连接料由有机溶剂和树脂组成，有机溶剂主要有松节油、松油醇、白樟油、乳香油等。树脂有松香、乙基纤维素。将树脂溶解于有机溶剂中即配制成刮板油。

（四）玻璃彩釉

彩釉依烧制温度的不同可分为高温、中温、低温三种。日本的产品中，高温为 600℃、中温为 580℃、低温为 550℃。也有的产品高温为 600℃、中温为 560℃、低温为 520℃。低温彩釉用于薄质玻璃器皿和必须在低温下烧制的玻璃；中温彩釉被广泛应用在大玻璃杯、餐具、化妆瓶等一般玻璃的印刷上，它比低温彩釉的耐药品性强；高温彩釉具有更强的耐酸碱、耐硫化氢等性能，所以最适合于印刷饮料用瓶。

玻璃彩釉中有一种是热塑性（热化）釉料，其在常温下是蜡状的固体，使用时在容器中加热到 75 ～ 85℃后就成为糊状，边加热边倒入加热的不锈钢网版框进行印刷，并能在印刷的同时立即固化，不需要专门干燥，印刷效率高、质量高。这种丝印网版是采用不锈钢金属丝网，加热是使用可调变压器将电压降低，然后将电流通到不锈钢丝网上进行，需要丝网网版具有良好的绝缘性能。热塑性玻璃釉料的优势是印刷后釉料即刻固定在玻璃基体上，无须烘干，特别适用于自动多色印刷机，主要装饰瓶罐、杯类玻璃制品，速度可高达 200 ～ 300个 / 分钟。

## 三、玻璃印刷工艺

玻璃器皿用的丝印机主要是改良型的半自动机和全自动机。全自动机自动控制程度高，适合于印刷像饮料瓶这样的单一生产的玻璃制品。半自动设备工作效率较低，但是上版和附件的更换简单，其精度也比全自动机要高，所以仍被广泛使用。

### （一）曲面印刷工艺

曲面玻璃制品的印刷工艺比较复杂，针对不同形状的器物采用相对应的印刷方法，同时还需制作许多夹具、模具。用于曲面印刷的机械设备很多，其传动方式主要有手动、电动、气动三种。大多数厂家使用的是气动曲面印刷机。进行曲面印刷时需要注意确定刮墨板与回墨板的刮印行程，一般以超出印刷图文 10 ～ 20mm 为宜。网距调节时要防止承印物与网版相撞，造成网版破损，网距一般控制在 1 ～ 1.5mm 内为宜。

对于锥形体印刷来说，由于锥形体承印物的开口面与底面不等圆，需要把工作台倾斜，使承印物与网版平行才能印刷。在气动曲面印刷机上，工作平台前底部有一锥度调节螺杆，调整此螺杆高度，可把工作台倾斜成需要的角度。另外，锥形体承印物的图文在网版上呈扇形排列，设计图文时，必须准确绘制扇形轮廓线，在此轮廓线内填充图文。

近年来，不少厂家开发 UV 丝印油墨、水性油墨用于玻璃印刷。

### （二）水转印工艺

对于不规则的曲面印刷品，一般采用水转印的方式来印刷。工艺流程为：

水转印纸→印低温胶水→印文字图案→印光油→印封面油→转贴到承印物。

印刷前尽量对转印纸进行调湿处理，以确保套印准确。胶水、图案、光油三块网版的目数不能低于 250 目 /ft，否则印刷出的墨层过厚、墨层上有网纹痕迹，影响印刷品的外观质量。封面油一般用 100 目 /ft 丝网进行印刷，如果图案面积较大，则可印刷两次，这样当进行滑动转贴时封面层不容易破裂，能保证转贴质量。封面油干燥后所形成的脱离层可随炉温升高到 200℃左右而挥发。

转贴完毕后，一定要把承印物与贴纸之间的水分排除干净，局部凸起的小水泡，可采用针刺的方法排净水分。刮净水分后，产品在车间里晾干 10h 就可以送入 50 ～ 60℃烤箱中烘烤，20 ～ 30min 后取出，待温度下降后立即撕去封面层，然后重新放入 180 ～ 200℃烤箱中，经 30 ～ 40min 烘烤，墨层就可完全干固，并且表面光亮结实，耐溶剂、耐摩擦。

高温烧结墨（玻璃釉料）在烧制后，能与玻璃表面熔合在一起，因此它的耐溶剂、耐化学药品、耐划伤性能好，常用来印制高档生活饮用器物及特殊场合所需要的玻璃制品。

## 四、玻璃烧制

烧制的热源可采用电力、煤气、重油等，其中效果最好的是电热，用于玻璃杯、餐具、化妆瓶等高级品的印刷。另外，金色和白金色的特制印刷也少不了电力，但它的成本比重油和煤气要高。

重油的成本比电的成本要低，热量也高，适用于烧制饮料瓶或大批量的单一性产品。煤气主要用于无法使用电力和重油烧制的玻璃制品。使用电力以外的热源时，必须使用火焰炉。烧制炉的种类，除有输送带隧道型和台车隧道型外，还有方炉、圆炉等单室炉型。烧制温度为 520 ～ 600℃，烧制时要注意严格控制温度，各种炉都应有各自的温度标准，即使是设计上完全相同的炉，由于其电阻的插入位置、炉内凸出部的长度差别，其温度也会相差 30 ～ 50℃。当彩釉中的有机烃化合物被完全烧尽后，釉料就开始显色，玻璃质就熔在玻璃面上。这时，如急速加热，在热力冲击下玻璃品会发生破裂；冷却太快，玻璃品也会发生歪斜和破裂。因此，在使玻璃品不至于破裂的范围内，可慢慢升高温度，达到炉中最高温度后，再慢慢地降低温度。由于 500 ～ 600℃是最容易发生歪斜的温度带，所以必须根据玻璃品的厚度、重量等情况调整速度。通过烧制隧道的时间，根据炉的构造和玻璃品的重量而应有所不同，但大体上需要90分钟。

## 五、玻璃制品的特殊装饰

### （一）玻璃冰花丝印

冰花俗称橘皮纹，是非常细小的低熔点玻璃颗粒。这种细小的玻璃颗粒，含铅量高，有彩色、无色两种。丝印冰花装饰，素雅大方，多用于建筑装饰和工艺美术玻璃装饰。

丝印玻璃冰花装饰是指先在玻璃表层丝印有色或无色的玻璃熔剂层（助溶剂），然后再将冰花颗粒撒在这层玻璃熔剂层上，通过500～590℃的烧结，使玻璃表面的熔剂层和冰花颗粒层共熔而产生浮雕效果。如在玻璃上丝印的是有色熔剂，而撒色冰花是透明的，可通过高温共熔，使玻璃冰花纹样部位的熔剂层褪色，在玻璃面上形成有色、隆起的透明浮雕纹样。

### （二）玻璃蒙砂丝印

蒙砂是在玻璃制品上黏附一定面积的玻璃色釉粉，经过580～600℃的高温烘烤，使玻璃色釉粉涂层熔化在玻璃表面，并呈现出具有与玻璃主体不同颜色的一种装饰方法。黏附玻璃色釉粉，可用排笔涂刷，也可以用胶辊滚涂。

通过丝印加工，可得到蒙砂面的镂空图案。其方法是在玻璃制品表面，丝印一层由阻熔剂形成的图案纹样，待印上的图案纹样风干后，再进行蒙砂加工。然后经过高温烘烤，没有图案纹样处的蒙砂面便熔融在玻璃面上，而丝印图案的地方由于阻熔剂的作用，在图案上的砂面不能熔融在玻璃面上。烘烤后透明的镂空图案便透过半透明的砂面显现出来，形成一种特殊的装饰效果。蒙砂丝印阻熔剂由三氧化二铁、滑石粉、黏土组成，用球磨机研磨，细度为350目，丝印前用胶黏剂调和。

### （三）丝印接触控制盘

在设计微波炉温度程序时，通常使用组合开关。这种开关与机械开关不同，是在玻璃板上印刷的开关，表面平滑，而且去污容易，用手触摸即可开关。这种控制盘表面罩有导电膜，在其周围用丝网印刷陶瓷系油墨进行装饰和文字显示。其优点是耐机械磨损、耐化学腐蚀、去污容易。另外，设计时为使玻璃着色，可在背面印刷有机涂料，耐久性强，油墨的种类选择也较多。

（四）玻璃表面的消光丝印

将玻璃表面的消光油墨用丝网印刷在钠钙玻璃上，数分钟后进行水洗，其效果宛如茶色玻璃一样。通常对玻璃进行蚀刻时使用的氢氟酸，有较大危险性，而消光油墨不含强酸，操作较简单，其消光效果与蚀刻相似。

用于非热塑性油墨的玻璃丝印网版采用聚酯丝网较多，主要原因是聚酯丝网的印刷精度、耐印力、耐酸碱性、耐有机溶剂性较好。对于实地色块图案及一般图文线条的印刷选白色聚酯网，对于要求较高的精细线条，选用黄色聚酯网，有利于保持图像边缘的锐度。另外，在玻璃表面进行大面积色块油墨印刷时，网布的目数和丝径对于墨层表面有较大影响。如果网布的网目数过小、丝径过粗，由于玻璃表面属于非吸收性表面，印刷后墨膜表面会留下网布印迹，不利于油墨面光滑平整。如果网布的网目数过大、丝径过细，印刷时难以保证墨层的厚度，在制版时只能依靠通过增加感光胶膜的厚度来增加墨层的厚度，印刷墨层过薄，油墨的遮盖力得不到保证。根据经验，在玻璃表面进行实地色块印刷，采用 180 目、50μm 丝径、开口 90μm 的网布印刷效果最好。

## 六、玻璃瓶罐的涂层处理

玻璃最初成型时为一种十分高强度的材料。但是，玻璃表面很容易受到摩擦力的损坏。这种损坏显著地降低了玻璃表面以后抵抗使用接触的能力，例如擦伤和冲击。同时，这些损坏产生了应力集中，使玻璃瓶容易在客户处破损。玻璃表面涂层已在生产实际中应用于玻璃增强，其特点是工艺过程简单，生产效率高，成本低廉，可安装在生产线上，实行喷涂机械化、自动化。瓶罐玻璃的表面处理按涂层设备安装在生产线上的位置及喷涂时玻璃制品的温度分为热端喷涂和冷端喷涂。热端喷涂是指在成型热端玻璃瓶罐外表面附上一种氧化锡薄的涂层，玻璃表面温度在 400 ～ 600℃；冷端喷涂是指在退火后冷端的玻璃瓶罐外表面喷涂一种溶于水的聚乙烯涂层，玻璃的温度在 60 ～ 130℃。热端喷涂作用是改进润滑层在玻璃表面的附着力，从而提高了润滑的能力。冷端喷涂的作用是降低玻璃瓶子表面的摩擦系数热端，热端和冷端表面处理正确而有效的应用是确保玻璃瓶罐在厂内输送、贮存、运输、客户灌装线及其他过程中，具有良好性能的主要决定因素。

### （一）热端喷涂

1. 热端涂层材料

在热的玻璃表面（400 ～ 600℃）上，喷涂涂层材料后，立即发生分解，在玻璃表面上形成一层金属氧化物涂层。涂层不仅可以填充玻璃微裂纹，而且具有抗擦伤能力；既提高了玻璃强度，又防止新的微裂纹产生。热端涂层一般是永久性的，和玻璃结合较好，增强效果比较好。

热端涂层材料有锡的化合物、钛的化合物和锆的化合物，最常用的为锡和钛的化合物。锡的化合物有四氯化锡、五水四氯化锡、二甲基二氯化锡（商品名称Glahard）、丁基三氯化锡等。热喷涂时反应如下：

$SnCl_4 \rightarrow Sn + 2Cl_2$

$Sn + O_2 \rightarrow SnO_2$

$(CH_3)_2SnCl_2 \rightarrow Sn + 2CH_3Cl$

$Sn + O_2 \rightarrow SnO_2$

$SnO_2$ 以四面体状态与玻璃表面的四面体相键合，形成≡ Si-O-Sn ≡，使玻璃表面裂纹愈合，同时可防止表面磨损，使玻璃强度提高。例如，未涂丁基三氯化锡的容量 250mL 瓶子，平均耐压度为 25 ～ 30MPa，涂丁基三氯化锡层后，容量 250mL 瓶子的耐压度达 40MPa，容量 500mL 的瓶子达 35MPa，容量 1.0L 瓶子达 45MPa。涂层后瓶子的强度提高 30%～ 50%。

四氯化锡的沸点为 114℃，可溶解于水或酒精中，其价格比较便宜，但也带来一些问题，如蒸气压比较高，设备密封不严时，会释放出有腐蚀性的烟雾。此烟雾与空气中水分反应，会使供料管道堵塞并产生大量氧化物粉末，此烟雾还会腐蚀车间的设备及厂房建筑物。此外，还有丁基三氯化锡和国外研制的锡有机化合物 Certincoat TC 100，与四氯化锡相比，丁基三氯化锡不需要非常干燥的空气，不产生腐蚀性气体，涂层厚薄均匀，涂料用量少，但有机锡具有毒性，在空气中允许浓度要比四氯化锡低一个数量级。

热端喷涂后形成的 1 ～ 10μm 厚的氧化锡薄膜黏附在玻璃表面上并有一定程度渗入玻璃结构中，可使玻璃表面对于外部破坏力具有弹性。多数情况下，氧化锡层在玻璃表面可作为“基本层”，使有机物涂层更牢固地黏附在玻璃表面上。

2. 热端喷涂工艺过程

四氯化锡加入有机溶剂（如乙醇）中，配成 30% ～ 60% 浓度的溶液并装在气化室内。由鼓风机（或空压机）送来的空气进入装满硅胶或沸石的干燥器，干燥后的干空气再送入气化室。干空气对四氯化锡溶液进行鼓泡，以气化四氯化锡溶液，得到四氯化锡蒸汽，加压后用喷嘴对玻璃瓶罐喷涂，蒸汽温度应保持在 37.8 ～ 49.0℃，喷涂后的瓶罐用输瓶机进入退火窑。

喷涂室中未反应的气体和反应后的废气均用抽风机送往气化室，供循环使用。为补充喷涂中消耗的 $SnCl_4$ 的消耗，需不断地在循环气体中添加 $SnCl_4$。在配制四氯化锡溶液中，加入 0.5%$TiCl_4$ 或 $BiCl_4$ 为改良剂，可提高玻璃瓶的化学稳定性。

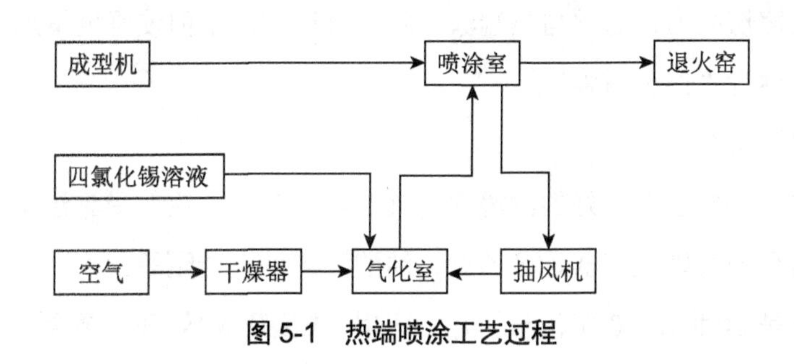


**图 5-1　热端喷涂工艺过程**

单丁基三氯化锡在室温下是油状液体，没有蒸汽，比较易于处理。但其进入喷涂柜后，当喷涂柜温度超过 100℃后开始形成蒸汽。单丁基三氯化锡液体用计量往复泵输送到喷涂柜。泵的速度决定输送量，从而决定涂层厚度。喷涂柜使用最新技术，效率很高。喷涂柜 4 个星期清洁 1 次。

3. 热端喷涂操作注意事项

（1）注意喷涂柜的温度

对于使用锡有机化合物的喷涂柜的温度应保持在 120 ～ 160℃范围内。温度过低，或通过喷涂柜的瓶子数量过少也会导致温度过低，喷涂液蒸发不完全，从而使喷涂厚度不够。喷涂液会以液态泄漏出来，严重的会在喷涂柜内结垢。温度过高，或通过喷涂柜的瓶子数量过多会导致温度过高，这会使喷涂液过早分解成气相，如果温度进一步升高，一段时间后喷涂柜将被污染。

（2）喷涂液的消耗

喷涂液的消耗量取决于通过的瓶子数量、每天喷涂的面积、玻璃温度、输瓶机速度和瓶子高度。根据阿科玛公司的资料介绍，使用锡有机化合物 TC 100 时，当机速为 470 只 / 分的啤酒瓶在保证瓶身喷涂量为 30CTU 时，每天大约消耗 5.5kg TC100（CTU 是涂层厚度单位，表示氧化锡量的经验换算数值）。

（3）更换产品时对挡板进行调节

更换产品时一定要按产品的高度调整在气室和中间柜之间的挡板，以便精确地调整喷涂部分的高度，挡板越低，瓶子喷涂面积越小，喷涂液消耗量越小。

（二）冷端喷涂

冷端涂层是在玻璃容器出退火窑时进行的，用压缩空气将一层极薄的聚合物喷涂在玻璃容器表面，通常为 2 ～ 5μm，降低玻璃瓶子表面的摩擦系数，增加容器表面的润滑性和抗擦伤能力。通常与热端涂层相结合进行，不但使强度增加，而且使表面有润滑性，也称为“协和增强”。

1. 冷端涂层材料

冷端涂层材料要求有良好的润滑性，且不能使食品、饮料受到污染。冷端涂料的品种很多，常用的有硬酯酸盐、聚乙烯、油酸、硅烷、硅酮等。

硬酯酸盐是 20 世纪 50 年代末就开始应用于瓶罐冷端处理，至今仍为一种较好的涂层材料。通常采用聚氧化乙烯硬酯酸盐，代号为 15-101，由植物性硬酯酸制成，呈白色粉末或片状，能溶于水。硬酯酸盐涂层有很好的润滑性，能使瓶罐的摩擦系数减少 50%，并可增加瓶的光泽。由于硬酯酸盐涂层无憎水性，故不影响粘贴商标；同时不污染内装物，可满足食品、饮料的卫生要求，盛装食品时，进入瓶内盛装物中硬酯酸不到百万分之一，可广泛用于回收饮料瓶、静脉注射液瓶、酒瓶或食品瓶。

使用硬脂酸盐喷涂时，一般使用 0.17% 的硬脂酸盐溶液。先将 907g 的聚氧化乙烯硬脂酸盐加入 17L 并预热到 71℃的去离子水中，配制成溶液，然后将此溶液输送到各个系统，再稀释到 0.17%。为避免细菌的污染，在硬脂酸盐溶液中需加入次氯酸钠进行消毒。

由于硬脂酸盐溶于水，涂层是暂时性的，称为暂时性（水溶）涂层。瓶罐的洗涤，高压消毒和巴氏灭菌均能溶解此涂层。瓶罐喷涂硬脂酸盐层后，如再印商标，烤花后涂层完全消失，需要在出烤花窑后再进行二次喷涂。

聚乙烯涂层由低分子的聚乙烯加入去离子水中用油酸钾乳化成乳白液。由于聚乙烯涂层不溶于水，光泽性及润滑性都比硬酯酸涂层好，可耐碱性溶液洗涤和灭菌操作。

使用聚乙烯乳剂喷涂液，一般是使用含有20%固体聚乙烯的去离子水乳化液。在运输和储存中，要防止冷冻，到3.33℃时，乳化液受到破坏，不能使用。喷涂时聚乙烯乳化液的浓度为0.17%～0.23%。为防止涂层中细菌的繁殖，需要在乳化液中加入一定数量的5.25%的次氯酸钠。

2. 冷端喷涂工艺过程

通常分为静电粉末喷涂法和喷射法。

（1）静电粉末喷涂法

静电粉末喷涂法与工业上广泛使用喷涂设备相类似。将预热的玻璃瓶罐用输送机（输送带）通过一系列喷枪的面前，涂层材料如树脂粉末用压缩空气送入喷涂枪内，经喷枪口喷出的粉末带有静电荷，立即吸附在玻璃瓶罐表面，沉积为一均匀的薄层，然后加热使树脂熔化，再加以冷却，即成为冷端涂层。一般玻璃瓶罐静电粉末喷涂机，每分钟可喷涂250只玻璃瓶，喷涂室只有229mm长。

（2）喷射法

喷射法是用设置在退火窑出口上方的活动喷枪，对从退火窑出来的玻璃瓶罐上方横扫喷射。此种方法比较简单方便。

喷涂时瓶身中段温度保持在110～130℃。温度低于90℃，影响到瓶罐产品的外观，并降低滑动性和抗磨损性；温度高于150℃，涂层上难以粘贴，且可能使瓶罐破裂。

3. 冷端喷涂操作注意事项

（1）冷端喷涂合适的温度

不同的冷端喷涂液，有不同的温度要求。但是所有冷端喷涂液使用过程中，必须保证玻璃容器产品在进行冷端表面处理时的温度不能超过130℃，温度过高，会产生喷涂裂纹。一般将瓶子温度控制在110～130℃，这是聚乙烯的最佳成膜温度。如果温度低于100℃，聚乙烯将不能成膜。

（2）稀释比例

不同冷端喷涂液的勾兑的加水量有所不同，但是，选用稀释比例应该越大越好。据资料介绍冷端喷涂液的稀释比应≤500 ：1。

（3）供水处理

在整个冷端喷涂系统中建议最好采用薄壁的不锈钢管和塑料管及不锈钢阀和调节器，以便降低脏污和沉淀物的程度。质量良好的水对良好的冷端表面处理很重要。

水中可溶解性矿物质会在玻璃瓶表面产生色带条纹和表面斑点缺陷，而且会降低永久性表面的有效性。按照要求应使用去离子水或者软化水，建议采用逆向渗透装置，或阳离子 / 阴离子去离子水装置，或在某种情况下，两者合用，以保证水的质量。

# 第三节　壁纸印刷制造技术

## 一、壁纸的种类

近年来，壁纸作为家居装饰的重要构成，在建材家居行业越来越流行。壁纸成品必须符合一系列规范性能，包括产品的消防安全以及影响环境和健康的标准，必须执行《室内装饰装修材料壁纸中有害物质限量》（GB18585—2001）标准。

壁纸按其基材的不同分为六大类：纯纸壁纸、无纺布壁纸、树脂壁纸、植物纤维壁纸、纺织物壁纸、金属壁纸。承印物不同最后的印刷效果也不同。壁纸印刷一般采用的是无纺纸、PVC 涂布纸和墙布。在印刷无纺纸时，由于纸张表面比较粗糙，上墨效果不好，PVC 表面比较光滑，上墨效果比较好。

## 二、壁纸的印刷方式

家庭装饰所用的壁纸可通过印刷方式制造。壁纸印刷主要的生产设备和工艺有凹版印刷、柔版印刷、圆网印刷工艺这三种。

凹版壁纸印刷是在版辊上刻画出印花图形，油墨储存在版辊上面的凹槽里，印刷材料在经过印刷单元时，由橡胶压辊将印刷材料压在版辊上面，印刷材料在经过时将里面的油墨带走从而形成印花，因其给墨量小，多采用环保性能较差的油性油墨，因而产品大多数为中低端产品。

柔版印刷使用的是类似于活字印刷的方式，在版辊上面形成凸出的花纹，印刷时，印刷材料将凸出的花纹上面的油墨带走，从而形成印花。柔版印刷的染料可以采用水性油墨，并且供墨量小，适用于平滑型的印刷材料，柔印壁纸还常常通过压纹技术来提高层次感。

圆网印刷秉承了丝网印刷优点和特点，又可以高速连续运转，弥补了平网印刷的低速低效，是丝网印刷最新技术的体现，同时也是平网升级换代的最佳选择。圆网印刷壁纸采用镍网滚筒印花生产工艺，油墨通过给浆管输送到镍网滚筒的内部，油墨通过镍网滚筒上的网孔挤出转移到壁纸基材上形成图案，其突出的优点是给墨量大，具有壁纸表现力强、花型饱满等特点。选择镍网时需考虑花纹图案尺寸、图案立体感、颜料粒径等。对于精细的花纹及线条，应选用目数比较高的；反之，粗线的花型则选低目数的；对于立体感强的花型，应选用网目低的特种网，特种网的开孔率比标准网大，出浆量也比较大；颜料的粒径最好低于网孔的 1/3，否则容易造成堵网。

随着数码印刷的发展，近年来也出现了数码喷墨印刷生产壁纸的工艺，用于生产小批量、个性化的壁纸。数字化喷墨打印技术所生产的墙纸，其个性化和高生产效率符合如今市场的需求，在此基础上提高画面的设计感和应用的灵活性是市场趋势，已经开始取代墙上的艺术画等装饰物了。这要求使用的墨水环保、无刺激气味，可在各种基材上打印，同时耐刮、耐磨、防水、抗紫外线性强。

为了追求立体效果，提高了壁纸的价值和档次，有时需结合同步压花工艺，也可通过在油墨中添加发泡剂来实现。当印刷发泡浆料时，需经过高温烘房发泡直接可以形成立体图案，温度的高低和稳定会影响到发泡的效果。温度越高，发泡越高，但是会不牢固；温度太低，发泡效果不佳，达不到我们所需要的要求。所以要根据所使用的材料来定温度，不同的材料温度是不同的，在开机过程中尽量控制好温度的稳定，温度不稳定会造成产品效果不一样。例如，PVC 配方一般在 165℃左右才会产生聚合的作用，如果这个温度不够的时候就去干燥，那么 PVC 会附着于壁纸的表面，在压花的时候会黏到轮子上面，此时纸轮、辊轮等轮子在纸经过之后就会呈现出白色，会产生压花不良，印刷不上色。如果温度太高，又会产生焦化。

壁纸印刷是一门综合的艺术，每一个环节、每一个要素都并非独立，而是相互关联的。随着工艺技术的提高，检测与控制手段的更新，壁纸印刷技术及质量控制也会日臻完善，壁纸产品也会推陈出新，更加丰富我们的生活。

## 思考题

1. 陶瓷釉上贴花纸丝印法和釉下贴花纸丝印的区别是什么？
2. 陶瓷喷墨打印墨水的性能要求有哪些？
3. 玻璃印刷油墨的着色剂与普通油墨的着色剂有什么区别？
4. 玻璃瓶罐热端喷涂和冷端喷涂的区别是什么？